PROJET
D'UNE NOUVELLE
MECHANIQUE.

AVEC

Un Examen de l'opinion de M. BORELLI,
fur les propriétez des Poids fufpendus
par des Cordes.

A PARIS,

Chez { la Veuve d'EDME MARTIN,
JEAN BOUDOT,
& ESTIENNE MARTIN, } ruë S. Jaques,
au Soleil d'or.

M. DC. LXXXVII.
AVEC PRIVILEGE DU ROI.

A MESSIEURS

DE

L'ACADEMIE

ROYALE

DES SCIENCES.

ESSIEURS,

Je n'ay pas crû devoir exposer au jugement du public ce Projet d'une

EPITRE.

Nouvelle Méchanique, sans m'appuyer d'une aussi grande authorité que la vôtre, moy qui n'ay encore aucun nom dans les Lettres, & qui dois par conséquent me défier de ces premiers mouvemens que l'amour des Sciences inspire à ceux qui commencent à s'y apliquer. Sans cela on pourroit justement m'accuser de quelque témérité, d'avoir entrepris de découvrir dans cette matiére ce que tant de sçavans Autheurs n'ont pas découvert ; & je craindrois de m'etre laissé tromper par ces illusions flateuses de la nouveauté qui abusent d'ordinaire les hommes, lorsqu'ils se piquent d'avoir des opinions particulières. Je puis dire neanmoins, MESSIEURS, que ce n'est pas l'ambition de me signaler par des idées extraordinaires qui m'a poußé à écrire ce petit traité ; c'eſt un Eſſay que j'ay voulu faire de mes forces pour être connu de vous, & pour vous donner occaſion de m'encourager dans l'étude que j'ay embraſſée. Si je n'ay pas tout ce qui eſt néceſſaire pour inſtruire les autres, j'ay du moins toute la docilité qu'il faut pour être inſtruit : je ne me flatte point auſſi d'avoir établi des principes certains dans ce Projet, n'y d'en pouvoir tirer des conſéquences infaillibles : Vous en jugerez mieux que perſonne, MESSIEURS, Vous qui pénétrez ſi avant dans les Sciences les plus relevées. On ſçait que rien n'échape à vos ſoins & à vôtre exactitude ; La Nature ſi avare aux autres de ſes treſors & ſi obſtinée à ſe cacher, n'a pû ſe défendre contre la pénétration de vôtre eſprit & contre la ſubtilité

de vos recherches ; vous en avez plus
découvert en vingt ans, qu'on n'a-
voit fait en plusieurs Siecles. Vos
Observations Astronomiques ont dé-
voilé (pour ainsi dire) des Planettes
qui se déroboient à nos yeux ; vos
mesures si précises sur la terre, par
raport à celles que vous preniez en
même tems dans le Ciel, ont rectifié
fié mille erreurs de nos anciens Geo-
graphes. La Physique vous doit
ce qu'elle a de plus curieux, soit
dans la dissection du Corps humain
& des Animaux, soit dans la des-
cription & dans l'analyse des Plan-
tes, des Eaux & des Mineraux.
Que ne vous doivent point aussi les
Mathematiques en général pour
tant d'ouvrages celebres que vous
avez mis au jour ? Enfin, il n'y a

point

point de Science que vous n'ayez perfectionnée & que vous n'enrichissiez de tems en tems par vos travaux. Que n'attend on pas encore de vous, animez comme vous êtes par les bienfaits d'un Grand Roy, qui veut rendre son Regne aussi glorieux par les Sciences & par les Arts, qu'il l'est déja par ses prodigieuses Conquestes, & par toutes ses Héroïques actions ? A quoy ne devez vous pas aspirer vous-mesmes aujourd'huy sous la protéction d'un Ministre si sage & si vigilant, qui excite tout le monde par ses ordres & par son exemple à illustrer & à célébrer un Regne si plein de merveilles ? Souffrez donc, MESSIEURS, s'il vous plait, vous qui êtes comme à la source de

ē

toutes les Sciences humaines, & à qui
rien ne manque pour continuer vos
recherches, & pour augmenter vos
connoissances, que j'ose vous offrir
& mettre au jour ce que j'ay puisé
dans cette source, & qu'en essayant
de vous suivre & de vous imiter, je
puisse quelquefois profiter de vos
lumieres, & vous asseurer que je suis
avec une parfaite vénération,

MESSIEURS,

Vôtre tres-humble & tres-
obéïssant serviteur
VARIGNON.

PREFACE.

L'ouverture du fecond Tome des Lettres de Monfieur Defcartes, je tombai fur un endroit de la 24. où il dit que *c'eſt une choſe ridicule, que de vouloir employer la raiſon du Levier dans la Poulie.* Cette réfléxion m'en fit faire une autre : Sçavoir s'il eſt plus raiſonnable de s'imaginer un levier dans un poids qui eſt fur un plan incliné, que dans une poulie. Aprés y avoir penſé, il me fembla que ces deux machines étant pour le moins auſſi fimples que le levier, elles n'en devoient avoir aucune dépendance, & que ceux qui les y rapportoient, n'y étoient forcez que parce que leurs principes n'avoient pas aſſez d'étenduë pour en pouvoir démontrer les propriétez indépendamment les unes des autres.

En effet en éxaminant ces principes un peu

de près, il me parut qu'ils ne pouvoient servir,
tout au plus, qu'à démontrer que *l'équilibre*
se trouve toujours dans un levier auquel sont
appliquez deux poids qui sont entr'eux en
raison réciproque des distances de leurs lignes
de direction à son point d'appui; encore n'é-
toit-ce qu'en ce cas : 1°. *Que ce levier fût*
droit. 2°. *Que son point d'appui fût entre les*
lignes de direction des poids qui y sont appli-
quez. 3°. *Que ces mêmes lignes fussent pa-*
ralleles entr'elles, & perpendiculaires à ce
levier. Aussi Guid-Ubalde, & les autres qui
s'en tiennent à la démonstration d'Archimede,
ont-ils été obligez de faire revenir de gré ou
de force toutes sortes de machines à cette
espece de levier, & de réduire de même tous
les autres cas à celui-ci.

C'est peut-être ce qui a porté M. Descartes,
& M. Vvallis a prendre une autre route ;
quoi qu'il en soit, ce n'a pas été sans succez :
puisque celle qu'ils ont suivie, conduit également à la connoissance des usages de chacune
de ces machines, sans être obligé de les faire
dépendre l'une de l'autre ; outre qu'elle à mené
M. Vvallis beaucoup plus loin qu'aucun

Autheur, que je fçache, n'eût encore été de ce côté-là.

La comparaifon que je fis de ces deux fortes de principes, me fit fentir que ceux d'Archimede n'étoient ny fi étendus, ny fi convainquants que ceux de M. Defcartes, & de M. Vvallis ; mais je ne fentis point que les uns ny les autres m'éclairaffent beaucoup : J'en cherchai la raifon, & ce défaut me parut venir de ce que ces Autheurs fe font tous plus attachez à prouver la néceffité de l'équilibre, qu'à montrer la maniére dont il fe fait.

Ce fut ce qui me fit réfoudre à prendre le parti d'épier moi-même la nature, & d'effayer fi en la fuivant pas à pas, je ne pourrois point apercevoir comment elle s'y prend pour faire que deux puiffances, foit égales, foit inégales, demeurent en équilibre. Enfin je m'appliquai à chercher l'équilibre lui-même dans fa fource, ou pour mieux dire, dans fa génération.

Le premier objet qui me vint à l'efprit, ce fut un poids qu'une puiffance foutient fur un plan incliné ; D'abord je me le repréfentai de telle figure que le concours de sa ligne de direction avec celle de cette puissance, se fit dans quelqu'un de ses points : De-là je vis que leur concours d'action se faisant aussi par ce moyen dans ce seul point, il devenoit alors son centre de direction : De sorte que si ce plan eut manqué tout d'un coup, ce corps auroit nécessairement suivi l'impression de ce point : Je cherchai ensuite quelle devoit être cette impression, & j'aperçus que celles que faisoient sur ce point, & la pesanteur de ce poids, & la puissance qui le retenoit, étant les mêmes que s'il eut été poussé en même-tems par deux forces qui leur eussent été égales, & qui eussent agi suivant leurs lignes de direction : J'aperçus, di-je, qu'il lui en résultoit une impression composée suivant une ligne qui étoit la diagonale d'un parallelogramme fait sous des parties de ces lignes de direction, qui étoient entr'elles, comme ce poids & cette puissance : D'où je vis que l'impression de ce corps se faisoit alors suivant cette diagonale, qui devenoit en ce cas sa ligne de direction ; mais que ce plan lui étant perpendiculairement opposé, il la soutenoit toute entiére ; ce qui faisoit que ce poids ainsi poussé par le concours d'action de fa pefanteur & de la puiffance qui lui étoit appliquée, demeuroit fur ce plan incliné de même que s'il eut été horizontal, & que cette impreffion compofée n'eut été qu'un effet de fa feule pefanteur.

De cette penfée j'en vis naître plufieurs autres, & je m'aperçus 1°. Que toute l'impref-fion que ce plan recevoit alors de ce poids ainfi foutenu par cette puiffance, fe faifoit fuivant cette diagonale. 2°. Que fa charge, c'eft-à-dire, la force de cette même impref-fion, étoit à ce poids & à cette puiffance, comme cette même diagonale à chacun des côtez qui les répréfentent dans fon parallelo-gramme. 3°. Que ce poids, & cette puiffance étoient toujours entr'eux comme ces mêmes côtez, c'eft-à-dire, en raifon réciproque des finus des angles que font leurs lignes de direc-tion avec cette diagonale, ou (ce qui revient au même) en raifon réciproque des diftances de quelque point que ce foit de cette diago-nale à leur lignes de direction. Je vis enfin prefque tout à la fois quantité de chofes tou-tes nouvelles qu'on verra dans les Corollaires de la propofition des furfaces.

PREFACE.

Aprés avoir ainſi trouvé la maniére dont l'équilibre ſe fait ſur des plans inclinez, je cherchai par le même chemin comment des poids ſoutenus avec des cordes ſeulement, ou appliquez à des poulies, ou bien à des leviers, font équilibre entr'eux, ou avec les puiſſances qui les ſoutiennent; & j'apperçus de même que tout cela ſe faiſoit encore par la voye des mouvemens compoſez, & avec tant d'uniformité que je ne pûs m'empêcher de croire que cette voye ne fût véritablement celle que ſuit la nature dans le concours d'action de deux poids, ou de deux puiſſances, en faiſant que leurs impreſſions particulieres, quelque proportion qu'elles ayent, ſe confondent en une ſeule qui ſe décharge toute entiére ſur le point ou ſe fait cét équilibre : De ſorte que la raiſon Phyſique des effets qu'on admire le plus dans les machines me parut être juſtement celle des mouvemens compoſez.

Je me démontrai d'abord par cette méthode, & ſans le ſecours d'aucune machine, les propriétez des poids ſuſpendus avec des cordes, en quelque nombre qu'elles ſoient, &

pour

pour tous les angles possibles qu'elles peuvent faire entr'elles. De-là je passai à une démons-tration des poulies qui comprend toutes les directions possibles des puissances, ou des poids qui y sont appliquez, soit que le centre de ces poulies demeure fixe, soit qu'on le sup-pose mobile. Ensuite au lieu de la démonstra-tion qu'on ne fait ordinairement que pour les plans inclinez, j'en trouvai une qui s'étend généralement à toutes sortes de surfaces, & à toutes les directions possibles des puissances, ou des poids qui y sont appliquez. Enfin d'une seule démonstration je découvris les proprié-tez de toutes les especes de leviers, de quel-que figure, & dans quelque situation qu'ils soient, & pour toutes les directions possibles des puissances, ou des poids qui y sont appli-quez.

Des vuës si étenduës me surprirent, & l'é-vidence avec laquelle le détail de tout cela me paroissoit, indépendamment même du général, me confirma encore dans l'opinion où j'étois, qu'il faut entrer dans la génération de l'équilibre pour y voir en soi, & pour y reconnoître les propriétez que tous les autres principes ne prouvent, tout au plus, que par néceſſité de conſéquence.

Il y a encore un avantage dans la route que je tiens, c'eſt qu'elle facilite extrémement le calcul des forces, tant des poids, que des puiſſances, en ce que leurs raports y ſont toujours déterminez immédiatement par les ſinus des angles que font leurs lignes de direction avec celle de l'impreſſion qui réſulte de leur concours d'action, & que cette méthode détermine pour le point ou elles concourent. On y voit, que lors que deux puiſſances, ou deux poids, ou bien une puiſſance & un poids font équilibre, ſoit avec des cordes ſeulement, ſoit à l'aide de quelque poulie, de quelque ſurface, ou de quelque levier que ce ſoit ; ils font toujours entr'eux en raiſon réciproque des ſinus de ces mêmes angles.

J'avois deſſein d'expliquer avec cette méthode les effets les plus ſurprenans, & les plus difficiles des machines compoſées que l'on rencontre dans les arts, & dans la nature ; mais cela demandoit plus de loiſir, & même un plus grand nombre d'expériences que l'état de ma fortune ne me peut permetre : c'eſt pour cela que je me ſuis déterminé à ne donner préſentement que les Propoſitions fondamentales de la Méchanique : peut-être que de plus habiles gens que moy , & qui feront plus en état de faire cette entrepriſe, voudront bien ſe donner la peine d'en faire l'application à la Phyſique.

Mais en attendant , je ne laiſſeray pas d'amaſſer tout ce que je pouray d'expériences pour ce deſſein ; c'eſt pourquoy je prie ceux qui n'auront pas en vuë d'y travailler, de vouloir bien me communiquer celles qu'ils croiront s'y pouvoir rapporter : & ſur tout de me faire part de tout ce qui leur viendra de difficultez ou de lumieres ſur les principes qu'on propoſe icy , leur promettant d'en uſer avec toute la docilité d'un homme qui ne cherche que la vérité.

AVERTISSEMENT.

LES Corollaires qu'on verra citez dans la Solution de chaque Problème suivant, seront de la Proposition fondamentale qui le précéde. C'est de peur d'ennuyer par des répétitions trop fréquentes qu'on ne la citera point.

PROJET

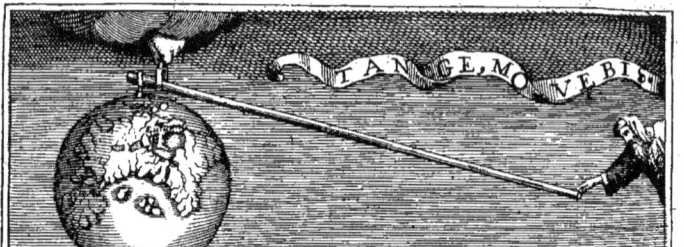

PROJET

D'UNE

NOUVELLE MECHANIQUE.

 *ECI n'étant que pour ceux qui entendent assez ces matiéres pour en pouvoir juger, on ne s'arrêtera point à répéter des Définitions, ny des Axiomes qui se trouvent par tout ; en voici seulement un, avec une demande, & quelques Lemmes particuliérement nécessaires pour l'intelligence de ce Projet.*

AXIOME.

Les espaces que parcourt un même corps, ou des corps égaux dans des tems égaux , sont entre-eux comme les forces qui les meuvent ; & réciproquement lorsque ces Espaces sont entre-eux comme ces

A

LEMMES. forces; elles les font parcourir au même corps, ou à des corps égaux en tems égaux.

DEMANDE.

On suppose ici que dans tout corps qui se meut, ou qui fait effort pour se mouvoir, il y a toûjours un certain point qui surchargé de l'impression de tous les autres, détermine ce corps à suivre celle qu'il a pour lors vers l'endroit où il tend. On ne se met point en peine que ce point soit le même dans toutes les situations possibles de ce corps : c'est assez que dans chaque situation il y en ait un que l'on appelle ici son *Centre de gravité*, ou plus générale-ment son *Centre de direction*, ou, *d'équilibre*, du moins pour le tems qu'il détermine ainsi ce corps à suivre son impression ; & la ligne qui joint ce point avec celui où il tend, s'appelle sa *Ligne de direction*.

On ne met ceci en supposition que pour abréger ; autrement on le pourroit démontrer : car il n'y a rien de plus évident que de tous les points d'un corps, il y en a toûjours, & même nécessairement, quelqu'un autour duquel l'impression qu'ils ont tous vers le côté ou ce corps tend, se trouve si également partagée qu'ils demeureroient en équilibre dessus, si sans chan-ger la situation de ce corps par raport à l'endroit où il tend, on le rendoit fixe ; & par conséquent l'impression d'un tel point ainsi surchargé de celle de tous les autres, étant la même que s'il étoit le seul qui en eût, il doit déterminer ce corps à la suivre.

Il n'y a rien-là, ce me semble, que de clair ; cependant s'il se trouvoit quelqu'un qui faute de le voir de même, fit difficulté de l'accorder, il peut prendre dans la suite les corps dont on parlera, pour des points qui ayent la pesanteur, ou l'impression qu'on y suppose ; ou bien pour des puissances appli-quées de même, & qui leur soient égales : parce que les démons-

trations fuivantes fe peuvent également appliquer aux uns & aux autres.

━━━━━━━━━━━━━━━━━━━━━━━━━━━━━

LEMME I.

LE poids *A* étant fufpendu à une corde *EH*, ou à deux *MH* & *NH* attachées à un même point fixe *H* ; ou bien foutenu fur un pieu *EH*, ou fur deux *MH* & *NH* appuyez auffi fur un même point *H* : en forte que la ligne *AH*, qui joint fon Centre de gravité *A* avec fon point de fufpenfion, ou d'apuy, faffe quelque angle que ce foit avec fa ligne de direction *AK* : Ce poids tombera de *A* vers *B* le long de l'arc *AB* dont *H* eft le centre, jufqu'à ce que la ligne *AH* foit dans la perpendiculaire, ou dans le plan horizontal *HB*, & étant arrivé en *B*, il y demeurera, fi l'on n'y fuppofe d'autre caufe que fa pefanteur.

fig. 1.
2.
3.
4.

DEMONSTRATION.

L'effet de la pefanteur du poids A, c'eft de l'approcher (*hyp.*) du centre de la terre, c'eft-à-dire, (*dem.*) d'en approcher fon centre de gravité A, tant que rien ne l'en empêche. Or dans la fituation prefente rien ne l'empêche de s'en approcher de la longueur de AK, en tombant le long de l'arc AB jufqu'en B ; au contraire étant arrivé en B, la corde EH, ou les cordes MH & NH ; ou bien le plan horizontal HB, le retiennent & l'empêchent de defcendre davantage ; & par conféquent ce poids dans la fituation prefente tombera le long de l'arc AB jufqu'en B, & y étant arrivé, il y demeurera. Ce qu'il faloit demontrer.

COROLLAIRE.

On prouvera de même que tout autre corps, de

quelque côté qu'il tende , appuyé feulement fur un de fes points , ou même fur une de fes faces , de quelque largeur qu'elle foit , doit neceffairement avancer du côté ou il eft pouffé par fa pefanteur , ou par quelqu'autre force que ce foit, non-feulement tant que fa ligne de direction ne paffe point par ce point d'apuy, ny par aucun de la partie de cette face fur laquelle il s'appuye ; mais encore tant qu'elle n'eft point perpendiculaire au plan, ou à la furface qui fe trouve à fon paffage ; c'eft-à-dire, tant que fon centre de direction n'eft point appuyé : Car ce centre pouvant encore avancer du côté où il tend, la force qui le pouffe, ne manquera pas de l'y obliger ; Mais auffi par une raifon toute contraire , fi-tôt que l'un , & l'autre arrivera , ce corps demeurera néceffairement en cet état.

LEMME II.

fig. 5. 6. LE poids MN étant fufpendu par deux cordes PM & RN , attachées aux clous P & R , & qui prolongées concourent en H , fa ligne de direction AH paffera par ce point de concours.

DEMONSTRATION.

Premiérement (fig. 5.) l'effort que le poids MN fait pour attirer le point P de la corde PM vers M, étant le même qu'il feroit contre le point H, fi cette corde prolongée y étoit attachée, & non plus en P ; ce corps , ou ce poids eft foutenu par cette corde, comme fi elle n'étoit attachée qu'en H. Pour la même raifon il eft auffi foutenu par la corde RN, comme fi étant prolongée, elle n'étoit attachée qu'en H : Il eft donc foutenu par ces deux cordes enfemble, comme fi l'une, & l'autre étant prolongée, elles n'étoient attachées qu'en ce feul point : & par conféquent (*Lemm.* 1.) la ligne de direction A K de ce poids ainfi fufpendu, paffera par le point H où les cordes P M & R N concourent. Ce qu'il F. D.

Secondement (*fig* 6.) l'effort que le poids MN fait pour attirer le point P de fa corde P'M vers M, étant le même que celui dont il preffe fon point C vers H, il eft encore foutenu par cette corde, comme il le feroit par le pieu C H. Et pour la même raifon il eft foutenu par la corde R N, comme il le feroit par le pieu D H : Donc il eft foutenu par ces deux cordes, comme il le feroit par ces deux pieux enfemble : & par conféquent (*Lemm.* 1.) la ligne de direction A K de ce poids ainfi fufpendu, paffera encore par le point H. Ce qu'il F. D.

COROLLAIRE I.

De-là il eft clair que de quelque côté que tende le corps M N, & que fa ligne de direction foit tournée, foit que cette impreffion lui vienne de fa pefanteur, ou de quelque autre force, cette ligne de direction paffera toûjours par le point H, ou les cordes qui le retiennent, doivent concourir, ou concourent en effet.

COROLLAIRE II.

De forte que fi ces cordes ne concourent qu'à une diftance infinie, c'eft-à-dire qu'elles foient paralleles entre-elles, cette ligne de direction fera auffi parallele à l'une & à l'autre.

LEMME III.

fig. 7.

*S*I le point *A* sans pesanteur est poussé en même tems, & uniformément par deux puissances *E* & *F* suivant les lignes *A C* & *A B*, qui fassent entre-elles quelque angle *C A B* que ce soit, & que la force dont agit la puissance *E*, soit à celle dont agit la puissance *F*, comme *A C* à *A B*. Ce point *A* suivra la Diagonale *A·D* du parallelogramme *B C* fait sous ces deux lignes.

DEMONSTRATION.

Le point A poussé par la puissance E vers C D, l'est de même que s'il y étoit porté avec la ligne A B toûjours parallele à elle-même, de la même vitesse qu'il y est poussé ; Nous pouvons donc le regarder comme poussé de cette maniére vers C D avec la ligne A B toûjours parallelle à elle-même, ou à C D, au même tems qu'il est poussé par la puissance F le long de la même ligne A B. Or cela bien conçu, il est clair qu'en quelque point, par exemple G, que la ligne A B rencontre A D, le point A s'y trouvera toûjours : parce que la force qui le porte avec AB vers C D, est à celle qui le porte le long de la même A B, comme (*hyp.*) A C à A B ; c'est-à-dire, en tirant H K par le point G parallele à A B, comme A K à K G : Donc (*ax.*) au même tems que A B parcourt A K, & qu'elle arrive avec le point A en H K, ce même point parcourt une partie de A B égale à K G ; & par conséquent il se trouve alors en G. On démontrera de même qu'au même tems que A B arrive en C D, le point A se trouve en D ; & ainsi dans tous les autres points de la Diagonale A D : & par conséquent ce point ainsi poussé se

meuvra exactement le long de cette ligne. Ce qu'il
F. D.

COROLLAIRE I.

Quand bien même les forces dont agiffent les puiffances E & F augmenteroient ou diminuëroient, pourvu que ce fut fuivant la même proportion de part & d'autre ; ce même point fe meuvroit encore exactement le long de A D : parce que ces forces feroient encore entre-elles comme A C à A B, ou comme A K à K G.

COROLLAIRE II.

C'eft la même chofe que le point A foit pouffé le long de A D par le concours d'action des puiffances E & F, ou qu'il y foit pouffé par une feule puiffance d'une viteffe égale à celle que lui caufent ces deux enfemble.

COROLLAIRE III.

Puifque le point A parcourt A D & A B en même tems, la force, ou le compofé de forces, qui le pouffe le long de A D, eft à celle qui le pouffe le long de A B, (*ax.*) comme A D à A B. Et pour la même raifon, elle eft à celle dont il eft pouffé le long de A C, comme A D à A C.

LEMME IV.

PRéfentement que le point *A foit le centre de direction du corps E F, & que ce corps foit pouffé en même tems & uniformément par deux puiffances appliquées en E & en F, fuivant les lignes E C & F B, qui paffent par le point A, avec des forces qui foient entr'elles comme A C* fig. 8.

LEMMES.   *& AB : que l'on acheve le parallelogramme BC, & que l'on regarde pour un moment ce corps comme s'il n'avoit aucune pesanteur. Quelque angle BAC que ces lignes faffent entr'elles, ce corps ainfi pouffé fuivra la diagonale AD.*

D E M O N S T R A T I O N.

Les lignes EC & FB, fuivant lefquelles les puiffances E & F agiffent, paffant (*hyp.*) par le point A, il eft pouffé en même-tems, & uniformement fuivant ces mêmes lignes vers CD & BD, par des forces qui font entr'elles, (*hyp.*) comme AC à AB : Donc (*Lem.* 3.) le point A, & par conféquent auffi (*Dem.*) le corps EF fuivra la diagonale AD. Ce qu'il F. D.

C O R O L L A I R E I.

On voit que c'eft la même chofe que le corps EF foit pouffé fuivant AD par le concours d'action de deux puiffances appliquées en E, & en F, fuivant des lignes EC & FB qui paffent par fon centre de gravité A, ou qu'il y foit pouffé par une fimple puiffance d'une viteffe égale à celle que lui caufent ces deux enfemble : de forte que fi AD étoit perpendiculaire à l'horizon, & que la pefanteur, que nous concevons préfentement être dans ce corps, l'emportât le long de cette ligne avec une femblable viteffe, il la fuivroit de même que s'il n'avoit en effet aucune pefanteur, & qu'il fût pouffé de la maniére que nous venons de dire, par les deux puiffances E & F.

C O R O L L A I R E I I.

C'eft pour cela auffi que ce corps étant pouffé par fa pefanteur fuivant AD perpendiculaire à l'horizon, s'il lui furvenoit quelqu'autre force qui le

pouffât

pouffât de, même fuivant quelqu'autre ligne qui ren-
contrât celle-cy ; Quelque angle que ces deux lignes
fiffent entr'elles, ce corps fuivroit la diagonale d'un
parallelogramme fait fous des parties de ces lignes,
qui depuis le point de leur rencontre, fuffent entre-
elles , comme la pefanteur de ce poids & cette nouvelle force : Il la fuivroit , dis-je , de la même
maniére que s'il n'étoit pouffé que par une feule
puiffance fuivant cette diréction , & d'une viteffe
égale à celle que lui pouroient caufer ces deux enfemble.

COROLLAIRE III.

Il fuit encore de cette propofition , & du Corollaire 3. du Lemme 3., que la force dont le corps EF
eft pouffé le long de A D , eft à celle dont la puiffance F le pouffe le long de A B, comme A D à A B;
& à celle dont la puiffance E le pouffe le long de AC,
comme A D à A C.

LEMME V.

LES trois côtez d'un triangle réctiligne , quel qu'il foit,   fg. 9.
font entr'eux , comme les finus des angles aufquels ils
font oppofez.

DEMONSTRATION.

Soit A B D tel triangle réctiligne qu'on voudra ,
infcrit dans un cercle , dont C foit le centre ; fur
quelqu'un de fes côtez , comme A B, foit menée du
centre C la perpendiculaire C E avec la ligne C A.
Il eft clair que A E eft le finus de l'angle A C E,
qui eft égal à l'angle D ; Donc A B eft le double du

LEMMES. finus de l'angle D. Et pour la même raifon , B D eft le double du finus de l'angle B A D ; & A D le double auffi de celui de l'angle B : Donc les trois côtez de ce triangle font entr'eux, comme le double du finus de chacun des angles aufquels ils font oppofez : Donc ils font auffi entr'eux, comme ces mêmes finus. Ce qu'il F. D.

PROPOSITION
FONDAMENTALE
DES POIDS SUSPENDUS
AVEC DES CORDES

En quelque nombre qu'elles foient ; & pour tous les angles poſſibles qu'elles peuvent faire entre-elles.

L E Poids K foutenu avec les cordes PB & CR par les puiſſances P & R, & en équilibre avec elles, eſt toujours à chacune d'elles, comme le ſinus de l'angle PAR que leurs cordes font entre-elles, à chacun des ſinus des angles RAK & PAK que font avec la ligne de direction AK de ce poids, chacune de ces cordes réciproquement priſes. Par exemple, il eſt à la puiſſance P, comme le ſinus de RAP au ſinus de RAK; & à la puiſſance R, comme le même ſinus de RAP au ſinus de PAK.

fig. 10.
11.
12.
13.
14.
15.
16.
17.

DEMONSTRATION.

Les impreſſions particuliéres que font les puiſſances P & R, ſur le point A de ce corps, (fig. 10. 11. 12. 13. & 14.) ou de ſa corde, (fig. 15.) étant les mêmes qu'elles feroient, ſi elles le pouſſoient chacune ſuivant ſa ligne de direction A P & A R : 1°. Ce

B ij

point regardé comme tiré feulement par ces deux puiſſances, doit tendre (*Lemm* 3.) le long de quelque ligne A D, qui foit la diagonale d'un parallelogramme fait fous des parties A B & A C des lignes de direction des puiſſances P & R , qui foient entre-elles, comme ces mêmes puiſſances. 2°. Cette ligne A D doit être la même que la ligne de direction A K de ce poids prolongée du côté de D : autrement ces lignes A K & A D faifant en A quelque angle entre-elles, ce point ainſi pouſſé, ou tiré ſuivant la ligne A D par le concours d'action de ces puiſſances, & à même tems ſuivant ſa ligne de direction A K par la pefanteur du poids K , devroit (*Lemm*. 3.) ſuivre une troifiéme ligne qui fût la Diagonale d'un parallelogramme fait fous des parties de ces lignes priſes depuis A , & qui fuſſent entre-elles , comme la force dont ce point eſt tiré par ces puiſſances ſuivant A D, eſt à la pefanteur du poids K ; ainſi ce poids ne feroit plus en équilibre avec ces puiſſances, ce qui eſt contre l'hypothêfe. 3°. La force dont ce point eſt tiré ſuivant A D , eſt auſſi égale à la pefanteur de ce poids ; autrement cette ligne étant la même que la ligne de direction de ce poids, il ſe meuvroit encore en haut, ou en bas felon la différence de ces forces, ce qui eſt encore contre l'hypothêfe : Donc ce point eſt tiré de A vers D par le concours d'action des puiſſances P & R ſuivant la ligne de direction de ce poids, & d'une force êgale à ſa pefanteur. Or la force dont il eſt ainſi tiré de A vers D , eſt à celle dont la puiſſance P le tire à elle, comme (*Lemm*. 3. *Cor.* 3.) A D à A B ; c'eſt-à-dire, (*Lemm*. 5.) comme le finus de l'angle D B A , ou de fon complement P A R , (B C eſt un parallelogramme) au finus de l'angle B D A, ou de R A K égal à celui-ci, ou à fon complement : Donc ce poids eſt à la puiſſance P , comme le finus de l'angle PA R , au finus de l'angle R A K. On démontrera de même que ce même poids eft à la puiffance R , comme le même finus de l'angle PA R , au finus de l'angle PA K.

Voilà pour les fix premiers cas. (*fig.* 10. 11. 12. 13. 14. & 15.) Pour les deux autres , (*fig.* 16. & 17.) il ne faut que concevoir le poids K de telle figure que le point A lui appartienne ; c'eft-à-dire qu'il lui foit continu, fans augmenter ny diminuër fa pefanteur , ni fans changer fon centre de gravité , non plus que les angles R A K & P A K que font les cordes que tiennent les puiffances P & R , avec fa ligne de direction A K. Or cela bien conçu , il eft clair par ce qui vient d'être dit , que la pefanteur de tout le poids K eft égale à la force dont le point A en ce cas feroit pouffé, ou tiré de A vers D : ainfi une telle force étant (*Lemm.* 3. *Cor.* 3.) à celle de la puiffance P , comme A D à AB ; le poids K , qui eft le même (*hyp.*) que s'il avoit une telle figure, eft encore ici à la puiffance P, qui eft encore auffi (*hyp*) la même, comme A D à A B ; c'eft-à-dire, (*Lemm.* 5.) comme le finus de l'angle DBA , ou de fon complement PAR, au finus de l'angle B D A , ou de R A K qui lui eft égal ; & de même à la puiffance R , comme le finus du même angle P A R au finus de l'angle PA K.

Et par conféquent, quelque foit le poids K , & de quelque maniére qu'il foit foutenu avec les cordes B P , & C R par les puiffances P & R , il eft toujours à chacune de ces puiffances, comme le finus de l'angle que leurs cordes font entre-elles , à chacun des finus des angles que font chacune de ces cordes réciproquement prifes avec fa ligne de direction. Ce qu'il F. D.

Ce feroit ici le lieu de répondre à la digreffion que Monfieur

Borelli à faite contre ce fentiment dans fon Traité du mou-
vement des Animaux , tom. 1. chap. 13. Mais la bréveté
qu'on s'eft propofée dans cet effay , ne permet pas de s'étendre
ici autant qu'il faudroit pour cela : On en verra dans peu
un examen particulier , où l'on fera voir en quoy cet Illuftre
Autheur s'eft mépris.

COROLLAIRE I.

Il fuit de cette propofition que les puiffances P &
R font entr'elles en raifon réciproque des finus des
angles que font leurs lignes de direction avec celle
du poid qu'elles foutiennent, c'eft-à-dire , en raifon
réciproque des diftances de leurs lignes de direction
à celle de ce poids.

COROLLAIRE II.

D'où l'on voit qu'en mettant une troifiéme puiffance , dont le nom foit K , à la place de ce poids,
qui faffe équilibre , comme lui , avec les deux P & R
qui le foutiennent , ces trois puiffances K , P , & R
feront entr'elles , comme les finus des angles PAR ,
RAK , & PAK.

COROLLAIRE III.

D'où il fuit , non feulement que chacune de ces
puiffances , de quelque maniére qu'on les prenne ,
eft toûjours plus petite que la fomme des deux autres ,
de même que chacun de ces finus eft toujours moindre que la fomme des deux autres.

COROLLAIRE IV.

Mais encore qu'elles font toutes trois prifes à
difcrétion deux à deux , en raifon réciproque des finus
des angles que font leurs cordes , ou leurs lignes de
direction avec celle de la troifiéme ; C'eft-à-dire,

en raifon réciproque des diftances de leurs lignes de
diréction à quelque point que ce foit de celle de la
troifiéme.

COROLLAIRE V.

Il fuit encore de cette propofition, que de quelque côté que tende le corps K, foit que cette impreffion lui vienne de fa pefanteur, ou de quelqu'autre
force ; celle de cette impreffion, tant que ce corps
fera en équilibre avec les puiffances P & R, fera
toujours à celle dont chacune d'elles le retient, comme le finus de l'angle PAR que font leurs cordes
entr'elles, à chacun des finus des angles RAK &
PAK, que font chacune de ces cordes réciproquement prifes, avec la ligne de direction AK de ce
corps, qui paffe toûjours (*Lem.* 2. *Cor.* 1.) par le
point A de leur concours.

COROLLAIRE VI.

Ce qui fait voir que fi l'angle de ces cordes étoit infiniment aigu, c'eft-à-dire, qu'elles fuffent paralleles
entre-elles, la force, quelle qu'elle fût, dont ce corps
agiroit contre ces puiffances, feroit égale à la fomme
de celles dont elles lui refiftent : De forte que s'il
agiffoit feulement comme poids, il feroit alors égal
à la fomme de ces puiffances ; & chacune d'elle feroit
à l'autre en raifon réciproque des diftances de leurs
lignes de direction à celle de ce corps, ou de ce poids,
qui pour lors leur feroit (*Lem.* 2. *Cor.* 2.) auffi parallele.

COROLLAIRE VII.

Il fuit de plus, que fi le poids K eft à chacune des
puiffances P & R, comme les finus de l'angle RAP,
à chacun des finus des angles RAK & PAK, elles
le foutiendront en cet état, & feront équilibre avec

lui : Car ces deux puiſſances étant alors entr'elles,
comme les ſinus des angles B D A & B A D, c'eſt-à-
dire, (*Lem.* 5.) comme A B à B D, ou à C A qui lui
eſt égale ; l'impreſſion compoſée qui réſulte du
concours d'action de ces deux puiſſances ſur le point
A, doit (*Lem.* 3.) le faire tendre de A vers D ſuivant A D, d'une force qui ſoit à celle de chacune
de ces puiſſances P & R, (*Lem.* 3. *Cor.* 3.) comme
A D eſt à chacun des côtez A B & A C, ou B D, du
parallelogramme B C ; ou bien (*Lemm.* 5.) comme
le ſinus de l'angle D B A, ou de ſon complement
P A R, à chacun des ſinus des angles B D A & B A D,
ou de R A K & de P A K, qui leur ſont égaux, ou qui
ſont leurs complemens ; c'eſt-à-dire, (*hyp.*) comme
le poids K à chacune de ces puiſſances : & par conſéquent la force dont ces puiſſances tirent ou pouſſent
le point A de ce corps, ou de ſa corde vers D, eſt
égale à celle, dont il eſt tiré vers K ſuivant la même
ligne D K par la peſanteur de ce poids : ainſi elles
le doivent ſoutenir en cet état, & demeurer en équilibre avec lui.

COROLLAIRE VIII.

fig. 18.

Ce qui fait voir que l'on peut faire ſoutenir quelque grand poids K, que ce ſoit, à quelque puiſſance R
que ce puiſſe être par le moyen d'une corde ſeulement.
Il ne faut pour cela que de quelque point D comme
centre, avec le rayon A D perpendiculaire à l'horizon, & pris à diſcrétion, décrire l'arc A C B ; & y
ayant inſcrit A C qui ſoit à A D, comme la puiſſance R au poids K, joignez D C, & apres avoir
dirigé par le point A la corde A P de ce poids parallelement à C D, attachez-la au crochet P, & luy
appliquez en A la puiſſance R ſuivant A C. Il eſt
clair par le Corollaire précédent que cette puiſſance
étant

étant (*hyp.*) à ce poids comme A C à A D ; c'eſt-à-
dire , (*Lemm.* 5.) comme le ſinus de l'angle D, ou
de ſon égal DAP, au ſinus de l'angle DCA, ou de ſon
complement PAC ; elle ſe ſoutiendraen cet état.

COROLLAIRE IX.

Ainſi il n'y a point de force R , quelque petite qu'on
l'imagine , qui ne ſoit capable de mouvoir quelque
grand poids K que ce ſoit , ſuſpendu à une corde ,
& de le faire ſortir de la ligne PF qui tombe à plomb
de ſon point de ſuſpenſion : & cela , juſqu'à ce que
les ſinus des angles que font leurs lignes de direction
A C & A D avec A P, qui va du point où elles
concourent, à ce point de ſuſpenſion , ſoient en raiſon
réciproque de ce poids & de cette puiſſance,

COROLLAIRE X.

Et parce que ce mouvement eſt impoſſible, à moins
que ce poids ne monte de même que le point A de ſa
corde, du moins de la hauteur du ſinus verſe HE
de l'angle APE fait par la partie AP de ſa corde,
avec la ligne AF, qui tombe à plomb de ſon point A
de ſuſpenſion : il ſuit évidemment qu'il n'y a point
de force, quelque petite qu'on l'imagine, qui ne ſoit
capable de faire monter du moins à cette hauteur
quelque grand poids que ce ſoit à l'aide ſeulement
d'une corde attachée à quelque point fixe.

La raiſon pour laquelle on dit ici du moins *, c'eſt pour
s'accommoder à toute hypothèſe : car ſi l'on regarde les lignes
de direction des poids comme paralleles entre-elles , ce poids
monte ici juſtement de cette hauteur ; mais ſi elles concourent
en quelque endroit du monde , il doit néceſſairement monter
plus haut, & ce d'autant plus (quoi qu'en proportion différente) que l'angle que fait ſa ligne de direction avec celle qui*

C

tombe à plomb de fon point de fufpenfion , lorfque le poids n'eft plus dans cette même ligne, eft plus obtus. Tout cela eft clair ; c'eft pourquoi on ne s'y arrête pas davantage.

COROLLAIRE XI.

fig. 10.
11.
12.
13.
14.
15.
16.
17.

Il fuit encore du Corollaire 7. que fi au lieu du poid K , on mettoit quelque nouvelle puiffance , (quelle foit auffi appellée K) qui fût aux deux premiéres P & R , comme le finus de l'angle P A R , aux finus des angles R A K , & P A K ; c'eft-à-dire, que ces trois puiffances K , P , & R fuffent entr'elles , comme les finus de ces trois angles P A R , R A K , & P A K ; elles demeureroient en équilibre entr'elles , de forte qu'aucune ne l'emporteroit fur aucune autre.

COROLLAIRE XII.

Ce qui fait encore voir , que fans rien changer à l'inclinaifon des cordes B P & C R de ces puiffances, une infinité d'autres mifes en leurs places , pouront demeurer en équilibre trois à trois , pourvu qu'elles foient entr'elles , comme ces trois premiéres.

COROLLAIRE XIII.

On peut auffi en changeant l'inclinaifon de ces cordes conferver l'équilibre de ces trois premiéres puiffances K , P , & R , dans fix variations différentes de leurs angles , pourvu que ces puiffances faffent échange entr'elles de leurs cordes , jufqu'à ce que chacune d'elles fe trouve appliquée fucceffivement à chacune de ces cordes pendant deux fituations dif-férentes des deux autres. Pour l'appercevoir il ne faut que s'imaginer que lorfque deux de ces puiffances, par exemple P & R , font échange de leurs cordes , il fe fait en même-tems une échange des angles que ces mêmes cordes faifoient auparavant avec celle de la puiſſance K, qui n'en change point alors, ſans qu'il arrive encore aucun changement à celui qu'elles font entr'elles : de cette maniére l'on aura deux des cas dont il eſt ici queſtion. On en trouvera encore deux en concevant de même l'échange des angles qui ſe fait dans l'échange des cordes de P & de K ; & encore deux pour l'échange de celles de K & de R : c'eſt ainſi qu'on les aura tous ſix.

COROLLAIRE XIV.

Mais tant que chacune de ces puiſſances demeure appliquée à la même corde, l'on ne peut en changer la direction, c'eſt-à-dire, l'inclinaiſon de ces cordes, ſans en rompre l'équilibre ; parce qu'il n'eſt pas poſſible de trouver ſeulement deux ſituations de cordes, où les ſinus de ces trois angles R A P, R A K, & P A K, ayent le même raport entr'eux.

COROLLAIRE XV.

C'eſt ce qui fait que tout autant de fois que les angles R A P, que font entr'elles les cordes des puiſſances P & R, ſont différens, les poids qu'elles ſoutiennent ſont différens auſſi. En effet plus cet angle eſt obtus, plus le poids qu'elles ſoutiennent, doit être petit, quoi-qu'en proportion différente : puiſque plus cet angle eſt obtus, moins eſt grande la raiſon de A D à A B, & à B D ; c'eſt-à-dire, (*Lemm.* 5.) celle du ſinus de l'angle D B A, ou de ſon complement P A R, à chacun des ſinus de l'angle B D A, ou de R A K qui lui eſt égal, ou ſon complement ; & de l'angle B A D, ou P A K encore égal à celui-ci, ou ſon complement : qui eſt juſtement celle que ce poids doit alors avoir à chacune de ces puiſſances pour demeurer en équilibre avec elles ; De ſorte que cet angle peut être ſi obtus que ces mêmes puiſſances pourront faire équilibre

C ij

avec ce poids, quelque petit qu'il foit : c'eft ainfi qu'il peut diminuer à l'infini, & faire cependant toujours équilibre avec elles, quelques grandes qu'on les fuppofe.

C O R O L L A I R E XVI.

Voilà ce qui peut arriver en changeant la direction de l'une, & de l'autre de ces deux puiffances ; Mais à n'en déplacer qu'une : 1°. Si elles font égales, ou fi étant inégales, il s'en trouve une qui ait une direction horizontale, il eft clair qu'on changeroit le raport des finus des angles que leurs cordes font avec la ligne de direction du poids qu'elles foutiennent : ainfi (*Cor.* I.) elles ne pouroient plus foutenir n'y ce poids, ny aucun autre. 2°. Au contraire fi étant inégales, elles n'ont aucune de leurs cordes qui foit horizontale ; au lieu du poids qu'elles foutiennent, on poura encore leur en faire foutenir un autre, pourvu qu'on change tellement celle de leurs directions qui fait le plus grand angle avec celle du poids qu'elles foutiennent, qu'on lui en faffe faire un autre encore avec elle, qui foit le complement du premier : Car les finus des angles de leurs cordes avec la direction du poids appliqué à leur point de concours, étant encore les mêmes qu'auparavant, elles en pouront encore foutenir un (*Cor.* 11.) à qui elles feront comme ces mêmes finus réciproquement pris, à celui de l'angle que feront alors leurs cordes entr'elles ; c'eft-à-dire, qui fera à celui qu'elles foutenoient auparavant, comme ce dernier finus à celui de l'angle qu'elles faifoient alors entr'elles. Mais auffi par une raifon toute contraire en tout autre changement de cette ligne de direction ces deux puiffances ne peuvent plus rien foutenir.

La raiſon pour laquelle on vient de demander que ce changement ſe fit dans celle des directions de ces puiſſances, qui fait le plus grand angle avec celle du poids qu'elles ſoutiennent ; c'eſt que ſi l'on faiſoit un tel changement à l'autre, l'angle des cordes ſe tourneroit en deſſous, ce qui détermineroit l'action de ces deux puiſſances à ſeconder ſa peſanteur, plutôt qu'à la ſoutenir.

COROLLAIRE XVII.

Puiſque ce poids pour faire équilibre avec les puiſſances P & R, doit toujours être à chacune d'elles, comme le ſinus de l'angle P A R de leurs cordes, à chacun des ſinus des angles R A K & P A K : Il ſuit évidemment que ſi enfin cet angle, à force de devenir obtus, devenoit à rien ; c'eſt-à-dire, que R A & A P ne fiſſent plus qu'une même ligne droite, ce poids ſeroit auſſi réduit à rien, & ces deux puiſſances agiroient ſeulement alors l'une contre l'autre : ainſi tant qu'il reſte quelque poids attaché à ces cordes entre ces puiſſances, elles font toujours quelque angle P A R que ce ſoit.

COROLLAIRE XVIII.

De-là on voit qu'il n'y a point de force imaginable, n'y de poids, quelques grands qu'on les conçoive, qui appliquez aux extrémitez d'une corde parfaitement flexible, la puiſſent tellement bander qu'elle devienne parfaitement droite, pour peu de peſanteur qu'on y ſuppoſe : car quelque prodigieuſe que ſoit cette force, & quelques grands que ſoient ces poids, ils auront toujours quelque raport à la peſanteur de cette corde : & par conſéquent elle ſe courbera toujours.

Juſqu'ici nous n'avons eu aucun égard à cette peſanteur de cordes, c'eſt pour cela que nous n'y avons conſidéré

*que l'angle qu'elles font entr'elles à l'endroit ou le poids
qu'elles foutiennent, leur eft attaché : ce fera en les confidé-
rant de même que nous prendrons quelque jour leur pefanteur
pour une infinité de poids, qui leur étant appliquez dans toute
leur longueur, leur font faire une infinité d'angles qui nous fer-
viront à en déterminer la courbure pour toutes fortes d'hypo-
thefes.*

Corollaire XIX.

On pourroit encore de même démontrer le raport
du poids K fufpendu par trois cordes, ou par davantage, même jufqu'à l'infini, aux puiffances qui le fou-
tiendroient ; en prenant pour une feule, l'impreffion
compofée de chacun des points, ou deux de ces cordes concourent, laquelle réfulte du concours d'action
des deux puiffances qui y font appliquées ; & ainfi
toujours de même, jufqu'à ce qu'enfin toutes ces
puiffances, en quelque nombre qu'elles foient, fuffent
réduites à deux feulement : ce qui réduiroit toujours
tous ces cas, quelques différens qu'ils fuffent, à celui
de la propofition préfente, qui pour cela a été appellée *Fondamentale.*

Remarque.

Lorfque de chacun des nœuds qui lient enfemble les
cordes avec lefquelles un poids eft foutenu par plufieurs puiffances, fuivant chacune fa direction, il
ne s'en répand point plus de trois dans un même
plan ; alors cette réduction fe peut faire fans connoître aucun raport entre ces puiffances, n'y d'aucune d'elles à ce poids. Mais lorfque le contraire
arrive, c'eft-à-dire, lorfque d'un même nœud il fe
répand plus de trois cordes dans un même plan ; alors
pour chacun de ces plans, il faut connoître entre lefquelles on voudra des forces qui y font appliquées,

autant de raports , moins trois, qu'il y aura de telles
forces, ou qu'un même nœud y répandra de cordes.
Par exemple , pour 4. cordes, il ne faudra connoître
qu'un tel raport. Pour 5. il en faudra 2. Pour 6. 3.
Pour 7. 4. & ainſi toujours 3. moins que le nombre
de ces cordes.

*On n'entre point dans le détail de tout ceci , de peur de ſe
trop éloigner de la breveté qu'on s'eſt propoſée ; outre qu'en voila, ce me ſemble, aſſez pour juger de l'étenduë & de la fécondité
de ces principes : on le verra démontré dans un autre ouvrage.*

PROBLEME.

LEs forces de trois hommes *K , P , & R , étant données ,
ou même ſeulement le raport qu'elles ont entr'elles , les
appliquer tellement à trois cordes A K , A P , & A R , qui
aboutiſſent à un même nœud A , qu'aucun des trois ne l'emporte
ſur aucun des deux autres.*

SOLUTION.

Premiérement , s'il y a quelqu'une des forces de
ces trois perſonnes, qui ſoit égale, ou plus grande que
la ſomme de celles des deux autres, ce Problême par
le Corollaire 3. de la propoſition préſente eſt impoſſible.

Secondement ſi chacune de ces forces, de quelque
maniére qu'on les prenne, eſt en effet moindre que
la ſomme des deux autres ; placez à diſcretion une de
ces trois perſonnes , par exemple K , & lui donnez la
direction A K qu'il vous plaira. Ayant prolongé à
diſcretion A K du côté de E , faite ſur A E le triangle
AEF, tel que ſes trois côtez A E , E F , & A F , ſoient
entr'eux , comme les forces de ces trois perſonnes K ,

P, & R. Placez enfuite la perfonne R fuivant le côté A F de ce triangle, & la perfonne P fuivant A P parallele à E F. Cela fait, ces trois hommes feront dans la fituation requife pour demeurer en équilibre.

DEMONSTRATION.

Leurs forces K, P, & R font (*Hyp.*) entr'elles, comme A E, E F, & A F; C'eft-à-dire, (*Lemm.* 5.) comme les finus des angles A F E, E A F, & A E F, qui font les mêmes que ceux des angles P A R, R A K, & P A K : Donc (*Corol.* 11.) ces trois hommes demeureront ainfi en équilibre, fans qu'aucun d'eux le puiffe emporter fur lequel que ce foit de deux autres. Ce qu'il faloit faire.

PROPOSITION

PROPOSITION
FONDAMENTALE
DES POULIES,

Soit que le centre en demeure fixe, soit qu'on le suppose mobile ; & pour toutes les directions possibles des puissances, ou des poids qui y sont appliquez.

S Oit la puissance, ou le poids D appliqué, ou suspendu au centre mobile d'une Poulie A, autour de laquelle passe la corde P M N R, dont les extremitez sont retenuës par les puissances P & R : quelque angle M H N que fassent entre-elles les parties M P, & N R de cette corde, prolongées jusqu'à ce qu'elles concourent en H ; le poids, ou la puissance D, sera toujours à chacune des puissances P & R, comme le sinus de cet angle, au sinus de sa moitié.

fig. 20.
21.
22.
23.

DEMONSTRATION.

Il est clair que tant que le poids, ou la puissance D, demeure ainsi en équilibre avec les puissances P & R sur la poulie A, non-seulement cette poulie demeure sans mouvement ; mais encore la corde P M N R demeure fixe dessus sans glisser, n'y se mouvoir non plus que si elle y étoit colée, ou physiquement unie depuis

D

M jufqu'à N ; & les points M , & N de cette corde
font auffi fixes fur cette poulie , tant que dure cet
équilibre , que fi en effet P M , & R N étoient deux
cordes , qui y fuffent féparément attachées : Les puiffances P , & R refiftent donc au poids , ou à la puiffance D , de même que fi M P , & R N étoient deux cordes différentes & attachées aux points M & N de la
poulie A , fuivant les tangentes en ces points : De forte
que l'on peut regarder cette poulie comme un corps
qui tend vers D , fuivant A D , d'une force égale à
celle du poids , ou de la puiffance D ; mais qui eft retenu avec les cordes P M & R N par les puiffances
P & R. Or en ce cas ; non-feulement fa ligne de direction A D pafferoit (*Lemm. 2. Cor. 1.*) par le point H,
ou concourent ces cordes prolongées ; mais encore
cette poulie regardée avec une telle impreffion , feroit
(*prop. fond. des cordes. Cor. 5.*) aux puiffances P , & R ,
qui la retiennent , comme le finus de l'angle M H N ,
aux finus des angles N H A , & M H A : Donc en effet
la ligne de direction A D de la poulie A ainfi tirée
par le poids , ou la puiffance D , contre les puiffances
P & R , paffe toujours par le point H , ou leurs cordes
prolongées concourent ; & le poids , ou la puiffance
D , eft auffi à chacune de ces puiffances , comme le
finus de l'angle M H N à chacun des finus des angles
N H A , & M H A. Or à caufe que H A , paffe auffi
par le centre de cette poulie , & que M H , & N H font
deux tangentes , les angles N H A , & M H A , font
chacun la moitié de l'angle M H N : Donc le poids,
ou la puiffance D , eft toujours à chacune de puiffances P & R , comme le finus de l'angle M H N , que
font leurs cordes entr'elles , au finus de fa moitié. Ce
qu'il faloit démontrer.

C O R O L L A I R E I.

Il fuit de-là que le poids , ou la puiffance D , tant
que dure cet équilibre , eft toujours à chacune des
puiffances P , & R , en raifon réciproque des finus des
angles que font les lignes de direction de ce poids , &
de cette puiffance avec celle de l'autre ; c'eft-à-dire ,
en raifon réciproque des diftances des lignes de direction de ce poids & de cette puiffance , à quelque
point que ce foit de celle de l'autre. Et pour la même
raifon les puiffances P & R font auffi entr'elles en
raifon réciproque des diftances de leurs lignes de direction à quelque point que ce foit de celle du poids ,
ou de la puiffance D , qu'elles foutiennent.

C O R O L L A I R E I I.

Si la puiffance , ou le poids D , (le tout étant
appliqué à la poulie A comme cy-deffus) eft à chacune
des puiffances P , & R , comme le finus de l'angle
M H N , que font leurs cordes entr'elles , au finus de
fa moitié ; elles le foutiendront en cet état : parce
que cette raifon étant la même qu'il doit avoir aux
puiffances qui l'y pourroient foutenir ; les puiffances
P , & R leur font néceffairement égales ; & par conféquent étant appliquées de même , elles l'y doivent
auffi foutenir.

C O R O L L A I R E I I I.

Ce qui fait voir que lorfque le poids D , eft à chacune des puiffances P , & R , en raifon réciproque des
diftances des lignes de direction de ce poids , & de
cette puiffance , à quelque point que ce foit de celle
de l'autre , il demeure en équilibre avec elles. Ce
qu'on dit du poids D fe doit auffi de la puiffance D.

COROLLAIRE IV.

Il suit de plus de cette proposition que les puissances P, & R agissent contre la puissance, ou le poids D ; & ce poids, ou cette puissance réciproquement aussi contr'elles, de la même maniére que si leurs cordes P M , & R N , prolongées jusqu'en H , y étoient noüées avec la corde A D du poids , ou de la puissance D ; & que la poulie A étant ôtée, elles tirassent contre ce poids, ou contre cette puissance suivant les mêmes angles M H A, & N H A : puis qu'alors le poids, ou la puissance D seroit encore (*prop. fond. des cordes. Cor.* 2. & 5.) à chacune d'elles, comme le sinus de l'angle M H N de leurs cordes, au sinus de la moitié de cet angle. Ainsi que les puissances P & R soutiennent le poids, ou la puissance D, par le moyen de la poulie A , avec la même corde P M N R ; ou qu'elles soutiennent l'un ou l'autre sans poulie, mais avec chacune une corde P H , & R H , noüée avec A D en H ; C'est toujours la même chose , pourvu que les angles de ces cordes avec la ligne de direction du poids, ou de la puissance D , soient les mêmes dans l'un & l'autre cas.

COROLLAIRE V.

On voit encore que si au lieu du poids , ou de la puissance D , on attachoit la corde A D à quelque clou, comme en D , ou ailleurs ; ce clou feroit la même résistance contre les puissances P, & R , que fait présentement le poids , ou la puissance D : ainsi n'étant arrivé aucun changement du côté de ces puissances, la direction de la corde A D seroit non seulement encore la même qu'auparavant , c'est-à-dire, qu'elle diviseroit encore l'angle M H N en deux parties égales ; mais encore la résistance de ce clou seroit égale à celle du poids , ou de la puissance D : D'où il suit

1°. Que lors qu'une poulie fur laquelle deux puiſſances font équilibre, comme ici P & R , eſt ſuſpenduë
ou retenuë par une corde telle qu'eſt ici A D , cette
corde ſe dirige toujours en ſorte qu'elle diviſe en
deux également l'angle des tangentes de cette poulie
aux points ou les cordes de ces puiſſances la touchent.
(Il eſt clair que la même choſe arriveroit , ſi au lieu
de ces puiſſances on appliquoit à leurs cordes des poids
qui demeuraſſent de même en équilibre ſur cette poulie) 2°. La charge du clou , ou la corde qui retient cette
poulie, eſt attachée, étant égale à la réſiſtance qu'il fait
contre chacune de ces puiſſances , ou des poids mis en
leurs places ; eſt à chacun d'eux , ou d'elles, comme le
ſinus de l'angle de ces tangentes , au ſinus de ſa moitié.

COROLLAIRE VI.

Préſentement ſi la poulie A , au lieu d'être arrêtée
en D , ou en quelqu'autre point de ſa corde A D ,
étoit ſeulement fixe en ſon centre A ; les puiſſances
P & R agiſſant encore deſſus de la même maniére
qu'auparavant , & cette poulie leur faiſant auſſi encore la même réſiſtance qu'elle leur faiſoit, lors qu'elle
étoit retenuë par la corde A H ; elle doit en recevoir
encore la même impreſſion , & ſuivant la même direction qu'auparavant : Ainſi l'effort commun des
puiſſances P & R ſur cette poulie, ne tend encore
qu'à la mouvoir ſuivant H A avec la même force dont
elles tiroient auparavant contre le poids , ou la puiſſance D , ou contre le clou qu'on vient de ſuppoſer en
D : de ſorte que la charge de cette poulie, lors qu'elle eſt
fixe , eſt toujours à chacune des puiſſances P & R , ou
à chacun des poids qui leur étant égaux , ſeroient mis
en leurs places , comme le ſinus de l'angle de leurs parties de cordes P M & R N prolongées juſqu'à ce
qu'elles concourent , au ſinus de ſa moitié.

COROLLAIRE VII.

D'où il ſuit que plus l'angle M H N, que ces parties de corde prolongées du côté de H, font entr'elles,
ſera obtus, moins ſera grande la charge de la poulie A,
ſoit que le centre en ſoit fixe, ou qu'il ſoit mobile :
parce que plus cet angle ſera obtus, moins ſera grande
la raiſon de ſon ſinus au ſinus de ſa moitié, quoi qu'en
proportion différentes : De ſorte que cet angle peut
être ſi obtus, que la poulie A ne ſera chargée que ſi
peu qu'on voudra des puiſſances P & R : juſques-là
même qu'elle pourroit être ſoutenuë contre elles
par une puiſſance, ou un poids D indéfiniment petit,
c'eſt-à-dire, moindre que quelque poids donné, que
ce ſoit : Car il ne faut pour cela qu'ouvrir l'angle
M H N, que font entr'elles les parties de corde PM
& R N, juſqu'à ce qu'enfin ſon ſinus ſoit au ſinus de
ſa moitié en moindre raiſon que le poids donné, à
chacune des puiſſances P & R.

COROLLAIRE VIII.

Au contraire on peut rendre cet angle M H N
ſiaigu que la puiſſance, ou le poids D, ou quelqu'autre en ſa place, devra être plus grand que
chacune des puiſſances P & R pour être en équilibre
avec elles ; mais ce poids ne peut pas ainſi augmenter à l'infini, de même que nous venons de dire qu'il
peut diminuer : Car ne pouvant jamais être plus
grand que lors que cet angle eſt infiniment aigu,
c'eſt-à-dire, lors que les parties de corde M P & N R
ſont parallèles ; & le ſinus de cet angle n'étant encore
alors que double du ſinus de ſa moitié, ce poids ne
peut être tout au plus que double de chacune des puiſſances P & R.

COROLLAIRE IX.

D'où l'on voit en général que lors qu'un poids fait ainſi équilibre avec deux puiſſances, ou avec deux autres poids par le moyen de quelque poulie à moufle, il ne peut être tout au plus que double de chacune de ces puiſſances, ou de ces autres poids ; mais au contraire il peut diminuer à l'infini, & faire cependant toujours équilibre avec elles, ou avec ces poids, quoi qu'ils demeurent toujours les mêmes.

COROLLAIRE X.

Ce qui fait voir que ſur une infinité de cas différens ou cet équilibre peut arriver, il n'y en a qu'un ſeul ou le poids, ou bien la puiſſance D, puiſſe être double de chacune des puiſſances P & R ; & que dans tous les autres il eſt toujours moindre que double, & même moindre à l'infini que chacune d'elles.

Tous ceux qui ſe mêlent de Méchanique, ſçavent aſſez que l'on regarde ordinairement comme générale & comme abſolument vraye cette propoſition : qu'un poids attaché, ou ſuſpendu au centre mobile d'une poulie à moufle, & en équilibre avec une puiſſance appliquée à l'extrémité d'une corde qui embraſſant cette poulie, à ſon autre extrémité retenuë par quelque clou, ou autrement, eſt double de cette puiſſance. *Cependant on voit par ce dernier Corollaire que ſur une infinité de cas différens, ou cet équilibre peut arriver, cette propoſition n'eſt vraye que dans un ſeul, qui eſt lors que les parties de corde qui touchent cette poulie ſont parallèles ; & fauſſe dans tous les autres. Il eſt vrai que dans la démonſtration que les Auteurs qui l'ont avancée, en donnent, ils ſuppoſent tous que ces parties de corde touchent cette poulie aux extrémitez d'un même diametre, & conſéquemment qu'elles ſont parallèles ;*

mais outre qu'il eſt rare qu'elles le ſoient, c'eſt que n'ayant
point fait cette reſtriɛtion dans leur propoſition, ils la regar-
dent dans la ſuite comme générale, & l'appliquent indiffé-
remment à toutes les machines ou l'on ſe ſert de mouſles, ſans
avoir égard à la ſituation de leurs cordes; Ce qui les a jettez
dans des mépriſes conſidérables, comme on le verra dans les
Corollaires 15. & 17.

COROLLAIRE XI.

Soit que le centre de la poulie A demeure fixe,
ſoit qu'on le ſuppoſe mobile, tant que ces puiſſances
demeurent ainſi en équilibre aux extrémitez P & R
d'une même corde paſſée par deſſus, ou par deſſous
cette poulie, elles ſont toujours égales : puiſque quelque ſoit la charge de cette poulie, ſi elle eſt fixe, ou
bien le poids qui y eſt attaché, ſi elle eſt mobile ; cette
charge, ou ce poids, tant que dure cet équilibre, eſt
toujours à chacune d'elles, comme le ſinus de l'angle
de leurs parties de corde, au ſinus de ſa moitié.

COROLLAIRE XII.

Si ces parties de corde des puiſſances P, & R,
lorſqu'elles ſoutiennent la puiſſance, ou le poids D,
ne ſont point paralleles, ces deux mêmes puiſſances
le pourront ſoutenir dans deux ſituations différentes
de leurs cordes ; parce que ces cordes peuvent faire
des angles égaux en H de part & d'autre de la poulie
A, avec ſa ligne de direɛtion A H, ſoit en s'écartant
l'une de l'autre, (*fig. 20. & 22.*) ſoit en s'approchant ;
(*fig. 21. & 23.*) & par conſéquent les mêmes puiſſances P, & R, qui dans l'une de ces ſituations de cordes, ſont capables de ſoutenir la puiſſance, ou le
poids D, le pourront encore ſoutenir dans l'autre.

COROLLAIRE.

COROLLAIRE XIII.

Mais fi les parties de corde des puiffances P & R
font paralleles, elles ne pourront foutenir la puiffance, ou le poids D qu'en cette feule fituation ; parce
qu'il n'eft pas poffible d'en trouver d'autre, ou cette
puiffance, ou bien ce poids, foit double de chacune
des puiffances P & R qui le foutiennent.

COROLLAIRE XIV.

On voit encore de cette propofition que le poids
D étant en équilibre avec la puiffance R, par le
moyen de plufieurs moufles A, B, C, &c. Séparez,
& appliquez le long du poteau E G, ou de quelqu'autre corps que ce foit, de la maniére qu'on les voit
ici ; eft à cette puiffance, comme le produit des finus
des angles H, K, L, &c. que font, lors qu'on les prolonge, les parties des cordes E K, F L, G R, &c.
qui touchent ces poulies ; au produit des finus de
chacun leur moitié : Car felon la propofition préfente, la réfiftance de la poulie A, ou bien le poids D eft
à la réfiftance de la poulie B, comme le finus de l'angle
H, au finus de fa moitié. La réfiftance de la poulie
B eft auffi à celle de la poulie C, comme le finus de
l'angle K, au finus de fa moitié. Enfin la réfiftance
de la poulie C eft encore à celle de la puiffance R,
comme le finus de l'angle L, au finus de fa moitié ; &
ainfi de même à l'infini : Donc en multipliant par
ordre les termes de toutes ces proportions, c'eft-à-
dire, les antécédens par les antécédens, & les conféquens par les conféquens, on aura le poids D à la
puiffance R, comme le produit des finus des angles
H, K, L, &c. au produit des finus de chacun leur
moitié,

fig. 24.
25.

E

COROLLAIRE XV.

Il fuit de ce dernier Corollaire que fur une infinité de cas différens, ou le poids D peut être en équilibre avec la puiffance R, à l'aide de plufieurs moufles, de la maniére qu'ils font ici ; il n'y en a qu'un feul, ou ce poids foit à cette puiffance comme le dernier terme d'une progreffion double, qui en a autant qu'il y a de moufles, plus un, eft au premier ; c'eft-à-dire, ici, comme 8. à 1. C'eft lors que les parties de corde qui font tangentes de ces moufles, font paralleles entr'elles : parce que les angles H, K, L, &c. étant alors infiniment aigus, leurs finus font doubles des finus de leurs moitiez. Pour dans tous les autres, il eft toujours à cette puiffance en moindre raifon que ce dernier terme au premier, & même, en moindre à l'infini : parce que les angles H, K, L, &c. ne pouvant devenir plus aigus que lorfque ces parties de cordes font paralleles, les raifons de leurs finus aux finus de leurs moitiez, ne peuvent auffi jamais être chacune plus grande que celle de 2. à 1. au contraire ces angles pouvant devenir toujours plus obtus jufqu'à l'infini, les raifons de leurs finus aux finus de leurs moitiez, peuvent auffi diminuer à l'infini.

On voit affez la méprife de ceux qui dans cet ufage des poulies à moufle, ont avancé comme propofition générale que le poids D eft à la puiffance R, comme le dernier terme d'une progreffion double, qui en à autant qu'il y a de moufles, plus un, eft au premier. Ce qui les a trompez c'eft l'ufage trop étendu qu'ils ont donné à la propofition raportée dans la réflêxion qui fuit le Corollaire 10. de la propofition préfente.

MECHANIQUE.

COROLLAIRE XVI.

fig. 26.

Préfentement fi l'on fe fert de plufieurs poulies
liées enfemble, comme on les voit dans les figures 26.
& 27. Il fuit encore de cette propofition que la puiffance R eft au poids D qu'elle foutient à l'aide de ces
poulies, comme le produit des finus des moitiez de
chacun des angles que font, fi on les prolonge, les
cordes tangentes des poulies mobiles L, K, & H, à la
fomme des produits de chacun des finus de ces mêmes
angles par les finus des moitiez de chacun des autres.
Par exemple, foit le finus de l'angle de ces cordes fait
en A, appellé *a*; & celui de fa moitié appellé *b*. Celui de
l'angle C, appellé *c*; & celui de fa moitié appellé *d*.
Enfin celui de l'angle E, appellé *e*; & celui de fa moitié appellé *f*. Cela fuppofé il fuit, dî-je, de cette propofition que la puiffance R en ce cas eft au poids D,
comme *bdf* à *adf* + *cbf* + *ebd*. Parceque la corde
R R O R N R M étant également bandée dans toutes fes parties, & d'une force égale à celle de la puiffance R; on la peut regarder, tant que dure cet équilibre, comme divifée en autant de cordes R R O,
R N, & R M, qu'il y a de poulies L, K, & H, dans
l'écharpe L H; & chacune de ces cordes comme fixe
en O, N, & M, & tirée du côté de R, R, & R par la
puiffance R, ou par d'autres qui lui foient égales.
Et parce que les poulies L, K, & H, portent chacune
quelque chofe du poids D, regardons-le auffi comme
divifé en autant de parties *x*, *y*, & *z*, dont la partie *x*
foit portée par la poulie L; la partie *y*, par la poulie
K; & la partie *z*, par la poulie H.

E ij

Cela conçû il eſt clair par la propoſition qu'on vient de démontrer

$$\text{que} \begin{cases} x \cdot R :: a \cdot b. \\ R \cdot y :: d \cdot c. \end{cases} \text{Donc} \begin{cases} x \cdot y :: ad \cdot bc. \\ \& \\ x \cdot x + y :: ad \cdot ad + bc. \end{cases} \text{Donc}$$

$$\begin{cases} \mathit{z} \cdot R :: e \cdot f. \\ R \cdot x :: b \cdot a. \end{cases} \text{Donc } \mathit{z} \cdot x :: eb \cdot fa.$$

$\mathit{z} \cdot x + y :: adeb. \; aadf + abcf.$ Donc $\mathit{z} \cdot \mathit{z} + x + y ::$ $adeb. \; adeb + aadf + abf.$ Or $R \cdot \mathit{z} :: f \cdot e.$ Donc $R \cdot$ $\mathit{z} + x + y = D :: adefb. \; adeeb + aadef + aebcf.$ Et en diviſant les deux terniers termes de cette derniére proportion, par ae, l'on aura $R \cdot D :: dfb. \; edb + adf + bcf.$ Ce qu'il faloit démontrer.

COROLLAIRE XVII.

D'où il ſuit que dans cet uſage des poulies, lors que les parties de corde, qui touchent celles de l'é-charpe L H, ſont paralleles, la puiſſance R eſt au poids D, comme l'unité au double du nombre des poulies ſuſpenduës ; mais que dans tout autre cas, elle lui eſt toujours en plus grande raiſon ; & même, cette raiſon augmente, quoi qu'en proportion diffé-rente, à meſure que les angles A, C & E deviennent moins aigus, ou plus obtus.

On voit aſſez que tous ces Corollaires avec une infinité d'autres qu'on pourroit encore tirer de cette propoſition, dé-pendent abſolument de ſon univerſalité, & que ſans cela il ſeroit impoſſible de réſoudre une infinité de Problèmes qu'on peut faire ſur cette matiére. Par exemple celui-ci.

PROBLEME.

Faire foutenir quelque poids D que ce foit, à quelque
puiffance R que ce puiffe être, par le moyen d'une feule
poulie à moufle.

fig. 28.

SOLUTION.

Premiérement fi cette puiffance eft plus grande
que ce poids, faite fur E H perpendiculaire à l'horizon, & prife à difcretion, le triangle Ifocelle E F H,
dont chacun des côtez E F, & F H, foit en même raifon à fa bafe E H, que la puiffance R, dont il eft
queftion, eft au poids D. Du point H tirez H G perpendiculaire à H F, & égale au rayon de la poulie
A, dont on fe veut fervir ; du point G faite encore
G M parallele à H E, & qui rencontre H F en M ; &
de ce même point M faite auffi M A parallele à H G,
& qui rencontre auffi E H en A ; placez enfuite en
ce point le centre de la poulie A, & fufpendez le poids
D à cette poulie fuivant A H. Enfin après avoir dirigé la partie M R de fa corde fuivant H F, & fon
autre partie P N parallelement à E F ; arrêtez cette
corde par un bout au clou P, & appliquez à l'autre
la puiffance R : cela fait elle foutiendra ce poids en
cet état.

DEMONSTRATION.

Le poids D peut être foutenu en cet état (Cor. 2.)
par deux puiffances, à chacune defquelles il foit
comme le finus de l'angle R H P, au finus de fa moitié
E H R, ou E H P ; c'eft-à-dire, (Lemm. 5.) comme
E H à E F, ou bien (hyp.) comme il eft à la puiffance
R : Donc le clou P faifant la fonction d'une de ces

E iij

puiſſances, celle-ci ſoutiendra ce poids en cet état. Ce qu'il faloit faire.

Secondement, ſi c'eſt le poids D qui ſoit plus grand que la puiſſance R, quelque grand qu'il ſoit, & quelque petite elle, qu'elle puiſſe être, on le lui pourra encore faire ſoutenir: voici comment. Ayant décrit du centre F avec le rayon H F perpendiculaire à l'horizon, & pris à diſcretion, l'arc H E B; & y ayant inſcrit une ligne H E, qui ſoit à H F, comme la puiſſance R au poids D; joignez F E, & faite enſuite H G perpendiculaire à H F, & égale au rayon de la poulie A, dont on ſe veut ſervir; Du point G faite encore G M parallele à H E, & qui rencontre H F en M, d'où il faut faire encore M A parallele à H G, & qui rencontre H E en A, où vous placerez le centre de la poulie A, à laquelle vous appliquerez la puiſſance R ſuivant A H, & le poids D ſuivant H F, l'autre bout de ſa corde étant attaché en P ſuivant N P parallele à E F. Cela fait la puiſſance R ſoutiendra encore le poids D en cet état.

fig. 25.

DEMONSTRATION.

Cette puiſſance peut faire équilibre en cet état avec deux autres, pourvu qu'elle ſoit à chacune d'elles, (*Cor.* 2.) comme le ſinus de l'angle P H F, au ſinus de ſa moitié P H E, ou à E F; c'eſt-à-dire, (*Lemm.* 5.) Comme H E à H F, ou E H F; ou bien (*hyp.*) comme elle eſt au poids D: Donc le clou P faiſant la fonction d'une de ces puiſſances, & le poids D celle de l'autre, la puiſſance R doit le ſoutenir en cet état, Ce qu'il F, D.

COROLLAIRE.

On voit que l'on peut toujours faire ſoutenir quelque poids que ce foit, à quelque puiſſance que ce puiſſe être, par le moyen d'une ſeule poulie à mouf-fle : en appliquant le moindre des deux au centre mobile de cette poulie, & le plus grand au bout libre de la corde qui l'embraſſe. La raiſon en eſt évidente par les Corollaires 7. & 8.

REMARQUE.

Il n'eſt pas cependant toujours néceſſaire de les diſpoſer ainſi : car s'il arrive que le plus grand des deux ne ſoit point plus que double de l'autre, on ſera libre d'appliquer celuy qu'on voudra au centre mo-bile de la poulie A : puiſque, qu'il y ſoit, (*Cor.* 8.) ou non, (*Cor.* 7.) il peut toujours monter juſqu'à être double de l'autre, mais jamais davantage : (*Cor.* 8.) ainſi lorſque l'un des deux (la puiſſance ou le poids) ſera plus que double de l'autre, il faudra néceſſai-rement les appliquer ſuivant le Corollaire ci-deſſus ; c'eſt-à-dire, appliquer le moindre au centre du mouf-fle dont on ſe ſert, & le plus grand ou bout libre de la corde qui embraſſe cette poulie à moufle.

PROPOSITION
FONDAMENTALE
DES POIDS SOUTENUS

Sur quelque efpéce de furfaces que ce foit ;
& pour toutes les directions poffibles
des puiffances qui y font appliquées.

fig. 30.
31.
32.
33.
34.
35.
36.

*T*ELLE que foit la furface G H ; le poids E O, &
la puiffance R qui le foutient deffus, font toujours entr'eux en raifon réciproque des finus des angles que font leurs
lignes de direction avec AD tirée perpendiculairement du point
A de leur concours, fur la furface G H.

DEMONSTRATION.

Afin que ce poids & cette puiffance demeurent ainfi
en équilibre fur la furface GH, telle qu'elle foit ,
il faut 1°. que leurs lignes de direction EB & FC,
fe rencontrent en quelque point A : car fi elles étoient
paralleles , il eft clair que le centre de gravité de ce
poids pourroit encore defcendre d'une longueur égale à la diftance qu'elles auroient entr'elles ; ce qui
eft contre l'hypothêfe. 2°. Les impreffions particuliéres que font fur le point A, & la pefanteur de ce
poids, & la puiffance R qui le retient ; étant les mêmes que fi ce point étoit pouffé en même temps par
deux

deux forces qui leur fuffent égales, fuivant leurs lignes de direction AC & AB : le poids EO ainfi foutenu fur la furface GH par le concours d'action de fa pefan-teur & de la puiffance R, doit tendre (*Lem. 4. Cor. 2.*) fuivant quelque ligne AD qui foit la diagonale d'un parallelogramme fait fous des parties AC & AB de leurs lignes de direction, qui foient entr'elles, com-me ce poids eft à cette puiffance. 3°. Cette ligne AD doit toujours être perpendiculaire à la furface GH, telle qu'elle foit ; par exemple, au point O : autrement AD devenant alors la ligne de direction de ce corps, il rouleroit ou couleroit (*Cor. Lemm.* 1.) vers H, ou vers G, felon que cette ligne fe trouveroit au-deffus ou au-deffous du point O. 4°. Cette même ligne doit encore paffer par quelqu'un des points où ce poids touche cette furface, c'eft-à-dire, par quelqu'un des points de fa baze : autrement, & pour la même rai-fon, il rouleroit, ou couleroit encore du côté qu'elle s'en écarteroit. 5°. La force dont ce poids eft ainfi pouffé ou tiré fuivant AD par le concours d'action de fa pefanteur & de la puiffance R, eft à celle de cette puiffance, (*Lemm. 4. Cor. 3.*) comme AD à AB ; c'eft-à-dire, (*Lem.* 5.) comme le finus de l'angle DBA, ou de fon complement BAC, au finus de l'an-gle BDA, ou de DAC qui luy eft égal. Elle eft auffi pour la même raifon à la pefanteur de ce poids, comme le finus du même angle BAC, au finus de BAD : Ainfi la pefanteur de ce poids eft à la force de cette puiffance, comme le finus de l'angle BAD au finus de l'angle DAC ; & par conféquent ce poids, & cette puiffance font entr'eux en raifon réciproque des finus des angles que font leurs li-gnes de direction avec la ligne tirée de leur point de concours perpendiculairement à la furface GH, telle quelle foit. Ce qu'il F. D.

F

*Les cas ou le point de concours de ces lignes de direction
fe trouve encore dans ce poids, mais au-deffous de fon centre
de gravité, fe réfoudront comme ceux des figures 33. 34. &
36. & ceux où il fe trouvera dehors, fe réfoudront auffi de
même, en regardant feulement ce point comme apparte-
nant à ce poids, de la manière que nous avons fait en traitant
des poids foutenus avec des cordes feulement, figure 16. & 17.
Tout cela eft aifé ; c'eft pourquoy on n'exprime point ici les
figures de tous ces cas.*

*On n'exprime point non plus la figure d'aucune furface
horizontale : parce que la ligne de direction de quelque poids
que ce foit, lui étant toujours perpendiculaire, il s'y foutient
de lui-même, & fans le fecours d'aucune puiffance, par la
même raifon qu'il en a befoin, comme l'on vient de voir, pour
demeurer fur quelque autre furface que ce foit. Cette propofition ne laiffe pas cependant de s'étendre encore jufques-là,
comme on le verra dans les Corollaires 9. & 10. ainfi on
n'en peut pas concevoir une plus générale.*

COROLLAIRE I.

On voit des articles 3. & 4. de cette démonftra-
tion que le poids E O ne peut-être foutenu par quelque puiffance R que ce foit, fur quelque furface
que ce puiffe être, à moins que la ligne A D ne tombe
perpendiculairement fur cette furface, & qu'elle ne
paffe en même temps par quelqu'un des points ou
ce poids touche cette même furface ; c'eft-à-dire,
par quelqu'un des points de la baze de ce même
poids.

COROLLAIRE II.

Mais auffi pour la même raifon dés que l'un &

l'autre arrivera , la puiffance qui y fera alors appliquée ne manquera pas de l'y foutenir.

COROLLAIRE III.

De-là on voit qu'il n'y a point non plus de puiffance capable de foutenir un poids rond , ou quelque
fphére que ce foit, fur quelque furface que ce puiffe
être, à moins que le concours de leurs lignes de direction ne fe faffe dans fon centre de grandeur ; parce
que c'eft le feul point de ce corps , d'où l'on puiffe
tirer une ligne qui paffe par fa baze , & qui foit en
même temps perpendiculaire à la furface fur laquelle
il eft foutenu. Dans tout autre configuration de poids ,
il en va tout autrement : parce que l'on y peut trouver plufieurs points , d'où il eft poffible de tirer de
telles perpendiculaires.

COROLLAIRE IV.

Il n'y a point encore de puiffance R , telle quelle
foit, qui puiffe foutenir aucun poids fur quelque furface que ce puiffe être , à moins que fa ligne de direction A R ne fe trouve dans le complement N A O
de l'angle C A O, que fait la ligne de direction A C
de ce poids avec A O tirée du point A perpendiculairement à cette furface G H. Car 1°. fi elle concou-
roit avec A N elle ne feroit plus aucun angle avec
A C : ainfi cette puiffance porteroit feule tout ce poids,
& non avec ce plan ; ce qui eft contre l'hypothêfe.
2°. Si cette ligne de direction concourroit avec A O ,
ou fi elle fortoit de l'angle N A O, la diagonale A D
du parallelogramme B C fe tourneroit vers G ; ce
qui feroit néceffairement (*Corol. Lemm.* 1.) tomber ce
poids de ce côté-là, ce qui eft encore contre l'hypothêfe. Donc la ligne de direction A B de la puiffance
R , doit toujours fe trouver dans le complement N A O

de l'angle CAO : de forte que c'eſt-là tout l'eſpace du mouvement qu'elle peut avoir.

C O R O L L A I R E V.

Le plan BAC, ou le parallelogramme BC de cette ligne avec AC ligne de direction du poids EO, eſt auſſi toujours perpendiculaire à la ſurface que la ligne GH repreſente, & ſur laquelle ce poids eſt ſoutenu ; puiſque la diagonale AD de ce parallelogramme BC, l'eſt toujours à cette même ſurface.

C O R O L L A I R E V I.

On voit auſſi de l'article cinquiéme de la demonſtration ci-deſſus, que le poids EO eſt à la charge de cette ſurface, c'eſt-à-dire, à l'impreſſion que lui & la puiſſance R font enſemble deſſus, ou à la réſiſtance qu'elle leur fait, comme le ſinus de l'angle BAD, au ſinus de l'angle BAC.

C O R O L L A I R E V I I.

D'où il ſuit que le poids EO, la charge de la ſurface GH, & la puiſſance R, ſont entr'eux comme les ſinus des angles BAD, BAC, ou ABD ſon complement, & DAC, ou ADB qui lui eſt égal ; c'eſt-à-dire, (*Lemm.* 5.) comme les lignes BD, AD, & AB.

C O R O L L A I R E V I I I.

D'où il ſuit encore que plus l'angle BAC eſt obtus, moins la charge de cette ſurface eſt grande : de forte qu'il le peut devenir juſqu'à un tel point, quelle ſera ſi petite qu'on voudra ; c'eſt ainſi qu'elle peut diminuer à l'infini.

COROLLAIRE IX.

Mais elle ne peut pas augmenter de même ; parce
que ne pouvant jamais être plus grande, que lorfque
cet angle eſt infiniment aigu ; c'eſt-à-dire, lorfque
les lignes A C & A B concourent avec A O : & A D
n'étant encore alors qu'égale à la fomme de AB & de
B D ; la charge de cette furface, qui eſt alors horizontale ne peut jamais être plus grande que la fomme
de ce poids, & de cette puiſſance.

On entend ici par furface horizontale *un plan qui le foit,
ou bien un point d'une furface courbe dont toutes les tangentes
foient auſſi horizontales.*

COROLLAIRE X.

On voit encore qu'il faut d'autant moins de force
pour foutenir ainfi un poids fuivant la même direction A B fur un même point de quelque furface
que ce foit, que cette furface, fi elle eſt droite
(*fig.* 30. & 33.) ou bien fi elle eſt courbe ; (*fig.* 32.
36.), que fa tangente au point ou la perpendiculaire AO la rencontre, eſt plus inclinée, quoi qu'en
proportion différente : parce que la raifon du finus
de l'angle C A D, au finus de l'angle B A D, en eſt
toujours moindre ; & comme cette inclinaifon avec
l'horizon peut diminuer à l'infini, la force qu'il faut
pour foutenir quelque poids fuivant la même direction fur quelqu'une de ces furfaces, foit droite, foit
courbe, peut auſſi diminuer à l'infini : De forte que
lorfqu'elle fera infiniment inclinée ; c'eſt-à-dire, horizontale, du moins dans le point où la perpendiculaire A O la rencontre, cette force fera nulle, & ré-
duite à zéro ; c'eſt-à-dire, qu'il n'en faudra plus du
tout pour l'y foutenir.

fig. 30.
32.
33.
36.

F iij

C O R O L L A I R E X I.

Au contraire pour foutenir ce poids fur le même
point d'une furface toujours également inclinée, telle
quelle foit , mais fuivant différentes directions de
puiffance; il faut d'autant plus de forces que l'angle
DAB fait dans l'efpace NAD par la perpendiculaire
AO avec la ligne de direction AB de la puiffance qui
foutient ce poids, différe davantage de l'angle droit:
parce qu'alors la raifon du finus de l'angle CAD, au finus de l'angle BAD, en fera d'autant plus grande, quoi
qu'en proportion différente : & comme cet angle peut-
être plus ou moins grand qu'un angle droit, & en diffé-
rer de plus en plus jufqu'au concours de AB avec AN ,
ou avec AO, fans que AB forte de l'efpace NAO ; la
puiffance qui foutient ce poids peut auffi augmenter
jufques-là : mais différemment felon que AB s'approche de l'une , ou de l'autre de ces deux lignes. Car
1°. ne pouvant jamais être plus grande par l'approche de AB vers AN , que lorfque l'angle NAB, que
ces lignes font entr'elles , eft le plus petit qu'elles
puiffent faire ; c'eft-à-dire, celui qu'elles font immédiatement avant que de concourir ; & le finus de CAD
étant encore alors un peu moindre que celui de
BAO , quoique d'une différence infiniment petite :
Cette puiffance ne peut être tout au plus de ce côté-là,
qu'un peu moindre que ce poids d'une différence qui
foit auffi infiniment petite. 2°. Au contraire du côté de
AO elle peut augmenter à l'infini : parce que la raifon
du finus de CAD, à celuy de BAD , augmentant à
mefure que la ligne AB s'approche de AO, en s'éloi-
gnant de la fituation qu'elle auroit fi elle faifoit un angle droit avec AO ; cette force peut auffi augmenter
de ce côté-là jufqu'à ce que AB, & AO concourent.
Or en ce cas l'angle BAD étant infiniment petit , la

raifon du finus de CAD à celui de cet angle, fera auffi
infinie ; & par conféquent auffi celle de cette puiffance à ce poids. Ce qui fait voir que cette puiffance peut augmenter à l'infini dans le mouvement
qu'elle peut avoir depuis la fituation où fa ligne de
direction feroit un angle droit avec la perpendiculaire
AO, jufqu'au concours de ces deux mêmes lignes, &
demeurer cependant toûjours en équilibre avec le
même poids, & fur le même point d'une furface inclinée, telle quelle foit.

DES POIDS
foutenus fur
des furfaces.

COROLLAIRE XII.

Pour les plans perpendiculaires à l'horizon, ou plutôt parallèles à la ligne de direction de ce poids ; &
pour les points des furfaces courbes, d'où l'on peut
tirer des tangentes qui foient auffi perpendiculaires à l'horizon : la ligne de direction AB de la puiffance qui foutient ce poids fur, ou contre ces plans,
ou ces points de furfaces courbes, ne pouvant (Corol. 4.) s'éloigner de la fituation où elle feroit, fi
elle faifoit un angle droit avec AO, qu'en s'approchant de AO, puifque l'angle NAO en ce cas eft
droit ; cette puiffance ne peut auffi augmenter que
de ce côté-là : De forte qu'elle peut à la vérité augmenter à l'infini de même que fur les furfaces incli-
nées : mais elle ne peut jamais être moins grande
que lorfque fa ligne de direction AB fait le plus petit
angle qu'elle puiffe faire avec AN ; c'eft-à-dire,
qu'en ne furpaffant ce poids que d'une différence infiniment petite.

fig. 31.
34.
35.

COROLLAIRE XIII.

De forte que dès le moment que AB & AN vien-
nent à concourir enfemble, le finus de CAD devenant alors égal à celui de BAD, cette puiffance de-

fig. 30.
31.
32.
33.
34.
35.
36.

vient aussi égale à ce poids, qui cesse aussi-tôt de s'appuyer sur, ou contre la surface G H, telle qu'elle soit.

Ce n'est que pour ne pas embarasser l'imagination de ceux qui sont accoutumez à regarder une surface perpendiculaire à l'horizon, comme parallele à la ligne de direction d'un poids, & une horizontale, comme lui étant perpendiculaire ; que l'on s'est accommodé à cette hypothèse dans ces trois derniers Corollaires : car pour les rendre aussi généraux qu'on les puisse imaginer, & pour toutes sortes d'hypothèses, il ne faut que regarder les plans, ou les tangentes des surfaces courbes, que l'on dit ici perpendiculaires à l'horizon, comme paralleles seulement à la ligne de direction de ce poids, sans avoir égard à l'angle qu'elles font, ou qu'elles peuvent faire avec l'horizon. De même celles que l'on appelle ici horizontales, se doivent seulement regarder comme perpendiculaires à cette ligne. De cette manière ces Corollaires seront si généraux, qu'ils se pourront appliquer à toutes les directions possibles d'un corps soutenu sur ou contre quelque surface que ce puisse être.

Il est encore bon de remarquer que lorsqu'on dit ici qu'un poids est soutenu sur le même point d'une surface, l'on ne prétend pas dire qu'il ne la rencontre jamais qu'en un seul point ; mais on entend seulement que la ligne A D, qui tombe du point A perpendiculairement dessus, la rencontre toujours dans le même point O, tant que ce poids est soutenu dessus, quoi que ce soit suivant différentes directions de puissances. La raison de cette précaution est évidente du côté des surfaces courbes, dont tous les points ont chacun une tangente d'une direction particulière. Pour du côté des plans, on la reconnoîtra dans le Corollaire 23, où l'on verra que dans l'hypothèse du concours des lignes de direction des poids en quelque points de la terre que ce soit, ils ne pèsent pas toujours également dessus, quoique la ligne de direction de la puissance qui leur est appli-
quée

quée demeure toujours la même. Au contraire, ils pésent tou-
jours également sur le même point de quelque surface que ce
soit, à moins qu'on ne change la ligne de direction de cette
puissance, ou la situation de cette surface. C'est pour cela
que dans les trois Corollaires précédens, où l'on examine sepa-
rément le changement que peut causer dans l'action d'un poids
les différentes inclinaisons de la même, ou des différentes surfaces
sur lesquelles il est soutenu, & les différentes lignes de direction des
puissances qui l'y soutiennent ; on l'a regardé comme appliqué non-
seulement à la même surface, mais aussi toujours au même point.

COROLLAIRE XIV.

Puisque la puissance qui soutient quelque poids
que ce soit sur le même point de quelque surface
que ce puisse être, est d'autant plus grande que
sa ligne de direction AB s'éloigne davantage de la
situaton où elle feroit un angle droit avec AO, sans
cependant sortir de l'espace NAO: Il s'ensuit qu'elle
n'est jamais moindre que lorsqu'elle est parallele au
plan, ou à quelqu'une des tangentes au point de la surface courbe, sur lequel ce poids est soutenu.

COROLLAIRE XV.

D'où l'on voit dans l'hypothêse ordinaire, ou l'on
regarde HK comme parallele à AC, que les triangles
BAD, HKG étant alors semblables, cette puissance qui
est à ce poids (*Cor.* 7.) comme AB à BD, lui sera aussi
comme HK à HG : & comme elle est alors la moindre qu'elle puisse jamais être selon le Corollaire précédent ; il s'ensuit qu'elle ne peut jamais être en moindre
raison au poids qu'elle soutient sur un plan incliné,
qu'est celle de la hauteur de ce plan à sa longueur.

fig. 30.

COROLLAIRE XVI.

On voit encore que toute puissance qui peut soute-

G

nir un poids fur un plan incliné fuivant une ligne
de direction, qui faffe avec une perpendiculaire faite
fur AD au point A, un angle moindre que celui de
cette perpendiculaire avec AN ; l'y peut foutenir
encore, & fur le même point, fuivant une autre ligne
de direction, qui paffant de l'autre coté de cette perpendiculaire, faffe avec elle un angle égal au premier : car les deux angles que font alors ces deux lignes de direction avec AD, étant complemens à deux
droits, l'un de l'autre, leurs finus feront égaux ; &
par conféquent ils feront en même raifon au finus de
l'angle CAD ; & par conféquent auffi ce même poids
feroit alors en même raifon aux puiffances, qui pla-
cées fuivant ces différentes directions, le foutien-
droient l'une après l'autre ; ainfi elles feroient égales
entr'elles : Donc la même puiffance qui foutient ce
poids fuivant une de ces directions, le peut encore
foutenir fuivant l'autre fur le même plan incliné
G H.

*On verra par le Corollaire 23. que pour rendre ce dernier
Corollaire général pour toutes fortes d'hypothéfes, il faut que
ce poids fe trouve alors fur le même point d'un plan toujours
également incliné.*

C O R O L L A I R E   XVII.

1°. Si AB ne concourt point avec la perpendiculaire
faite fur AD au point A, la puiffance R qui foutiet le
poid EO fuivant cette même ligne AB, eft à ce même
poids en plus grande raifon que le finus de CAD au finus total ; c'eft-à-dire, dans l'hypothéfe ordinaire, en
plus grande raifon que la hauteur de ce plan (*Cor.*
14. & 15.) à fa longueur. 2°. Si l'angle de cette perpendiculaire avec la ligne de direction A B de cette
puiffance, eft moindre que l'angle de cette même per-

pendiculaire avec AN, cette puiſſance eſt auſſi moindre que ce poids : puiſque de quelque côté que AB
faſſe cet angle avec cette pendiculaire, la puiſſance qui
ſoutiendra ce poids, (Cor. 16.) ſera la même ; il s'enſuit
(Cor. 11. n. 1.) qu'elle ſera moindre que ce poids dans
l'un & l'autre cas : ainſi l'on peut conclure en général
qu'une même puiſſance peut ſoutenir un même poids
ſur un même plan incliné ſuivant deux différentes directions : pourvu qu'elle ſoit moindre que ce poids, &
qu'elle lui ſoit cependant en plus grande raiſon que le
ſinus de l'angle CAD au ſinus total; c'eſt-à-dire, dans
l'hypothêſe ordinaire, où l'on regarde la ligne de direction de ce poids comme parallele à la hauteur de ce
plan : pourvu que cette puiſſance moindre que ce
poids, lui ſoit cependant en plus grande raiſon que la
hauteur de ce plan à ſa longueur.

COROLLAIRE XVIII.

En tout autre cas ; c'eſt-à-dire, lorſque cette puiſſance eſt plus grande que ce poids, ou du moins qu'elle lui eſt égale, ou bien lorſqu'elle lui eſt en même
raiſon que le ſinus de l'angle CAD au ſinus total,
elle ne le peut ſoutenir ſur le même point de ce plan
que ſuivant une ſeule direction. Tout cela eſt mani-
feſte par une raiſon toute contraire à celle du Corollaire précédent.

*On voit aſſez comment ces quatre derniers Corollaires ſe
peuvent appliquer à toutes ſortes de ſurfaces courbes, pour les
points où elles peuvent être touchées par des plans inclinez.
Il n'eſt pas difficile non plus de reconnoître ce qui leur peut
convenir de ce que nous allons encore dire des ſurfaces planes ;
c'eſt pourquoi nous ne parlerons plus d'orénavant que de
celles-ci.*

C O R O L L A I R E XIX.

fig. 30

Puifque (*Cor.* 7.) le poids EO, la puiffance R., & la charge du plan GH, font entr'eux comme les lignes BD, BA, & AD ; fi la ligne de direction de la puiffance R eft parallele au plan GH, & AC celle de ce poids parallele auffi à HK hauteur de ce plan : ce poids, cette puiffance, & la charge de ce même plan, feront entr'eux comme la longueur de ce plan, fa hauteur, & fa bafe ; c'eft-à-dire, comme GH, HK, & KG ; parce qu'alors les triangles GHK, & DBA font femblables..

C O R O L L A I R E X X.

fig. 33.

Et pour la même raifon, fi cette ligne de direction AB eft parallele à l'horizon ; c'eft-à-dire, à la baze GK de ce plan ; & que AC foit encore parallele à fa hauteur HK : Ce poids, cette puiffance, & la charge de ce plan, feront alors entr'eux comme la baze de de ce plan, fa hauteur, & fa longueur ; c'eft-à-dire, comme GK, KH, HG ; parce qu'alors les triangles GKH, & DBA font encore femblables..

Jufqu'ici nous n'avons regardé le même poids que comme appliqué au même endroit d'un plan toujours également incliné : Mais s'il fe trouvoit fucceffivement en différens points, qu'arriveroit-il ? Le voici.

C O R O L L A I R E X X I.

fig. 37.
38.

Il fuit encore de cette propofition que les puiffances P & R qui foutiennent fucceffivement le même poids A, ou des poids égaux fur les points O, & Q d'un même plan HG, font entr'elles en raifon compofée de celles des finus des angles QAD, & QAP ; OAR & OAD : car puifque la puiffance P eft au poids A

appliqué en Q, comme le finus de l'angle QAD, au
finus de l'angle QAP ; & que le même poids appliqué
en O, eft à la puiffance R, comme le finus de l'angle
OAR, à celui de l'angle OAD : Il fuit en multipliant
par ordre ces deux rangées de proportionnelles ; que
la puiffance P eft à la puiffance R, comme le produit
des finus des angles QAD, & OAR, au produit de
ceux des angles QAP, & OAD ; c'eft-à-dire, en
raifon compofée de celles des finus des angles QAD,
& QAP ; OAR, & OAD.

COROLLAIRE XXII.

D'où l'on voit que tant que les lignes de direction
AP, & AR font la même, ou paralleles entr'elles,
& que celles du poids A appliqué en Q, & en O, font
auffi paralleles ; les angles QAP, & OAR étant
alors égaux entr'eux, de même que les angles QAD,
& OAD, les puiffances, P & R font auffi pour lors
égales ; ce qui fait voir que ce même poids A péfe
alors également fur quelque point O, ou Q de ce
plan, qu'il foit appliqué.

COROLLAIRE XXIII.

Au contraire, s'il n'y a que les lignes de de direction AP, & AR, de ces puiffances qui foient paralleles entr'elles, & que celles de ce même poids A appliqué fucceffivement en O, & en Q, concourent en
quelque point D, que ce foit ; par exemple, au centre de la terre : les angles QAP, & OAR étant encore égaux, les puiffances P & R feront entr'elles,
comme les finus des angles QAD, & OAD ; ou bien,
à caufe des paralleles QA, AO, ces puiffances feront
entr'elles, comme les finus des angles SAD, & ASA,
ou ASD fon complement ; c'eft-à-dire, (*Lem.* 5.) comme DS à AD. Ce qui fait voir qu'en ce cas plus le poids

A eft haut fur le plan HG, plus aufli la puiffance qui l'y doit foutenir fuivant une certaine direction, doit être grande.

On voit préfentement qu'il peut y avoir bien de la diffé-rence entre un poids foutenu fur un même plan, & un poids foutenu fur le même point du plan ; c'eft auffi pour cela qu'on à pris foin ci-deffus de ne les pas confondre, & de faire re-marquer cette différence dans la feconde réfléxion qui fuit le Corollaire 13.

COROLLAIRE XXIV.

Mais s'il n'y a que les lignes de direction du poids A placé tantôt en O, & tantôt en Q, qui foient pa-ralleles entr'elles ; les puiffances P & R feront alors entr'elles comme les finus des angles OAR, & QAP ; c'eft-à-dire, en raifon réciproque des finus des angles que font leurs lignes de direction avec AO, & AQ, tirées des points A ou ces lignes de direction con-courent avec celles de ce poids, perpendiculairement au plan GH.

COROLLAIRE XXV.

Si préfentement on conçoit que les puiffances P & R foient égales, & que les poids A & A foient différens; on trouvera de même que ces poids, qu'elles foutien-nent fur les points Q & O du plan GH, feront entr'-eux en raifon compofée de celles des finus des angles QAP, & QAD ; OAD, & OAR ; c'eft-à-dire, com-me le produit des finus des angles QAP & OAD, au produit de ceux des angles QAD & OAR : De forte que 1°. Lorfque les lignes de direction de ces puif-fances font paralleles entr'elles, & celles de ces poids paralleles auffi ; ces poids font égaux. 2°. Mais s'il n'y a que celles de ces puiffances qui le foient ; ces

poids font entr'eux en raifon réciproque des
finus des angles que font leurs lignes de direction
avec les perpendiculaires au plan GH en Q, & en O.
3°. Au contraire s'il n'y a que les lignes de direction
de ces poids qui foient paralleles entr'elles ; ils feront
entr'eux en même raifon que les finus des angles que
font ces mêmes perpendiculaires avec les lignes de direction des puiffances qui les foutiennent.

*Il y auroit encore bien des Corollaires à tirer de cette pro-
pofition non-feulement par raport aux plans, mais auffi par
raport aux poli-plans : en voilà affés pour en pouvoir juger.*

PROBLEME.

*L A puiffance R étant donnée, la difpofer tellement qu'elle
puiffe foutenir le poids EO auffi donné, fur le
plan GHMN incliné, & fuivant fa longueur GH, de la
hauteur HK; & fuivant fa largeur GN, de la hauteur
NQ.*

fig. 39.
40.

SOLUTION.

Aiant placé ce poids en quelque point, ou partie
de ce plan qu'il vous plaira, de quelqu'un des points
ou fa baze le touche; par exemple, du point O, tirez
OD perpendiculaire à ce plan, marquez auffi la ligne
de direction FC de ce poids, qui rencontre auffi ce
plan en L, & OD prolongée en A. Enfuite de quelque point C qu'il vous plaira de la ligne AC, faite
AC à CD, comme le poids EO à la puiffance R.
1°. Si CD n'eft pas affez longue pour atteindre de C
jufqu'en quelque point D de la ligne AD, ce Problême eft impoffible : parce que la diagonale tirée du

point A dans le parallelogramme fait fous ces deux
lignes ; c'eft-à-dire, fous AC & CD, étant alors différente de AD, elle ne feroit pas perpendiculaire à
ce plan : ainfi ce poids rouleroit alors (*n. 3. Demonft.*)
du côté de L. 2°. Mais fi CD peut atteindre jufqu'en
quelque point D de la ligne AD, achevez le parallelogramme BC, & placez la puiffance R fuivant
AB : alors elle foutiendra ce poids fur ce plan.

DEMONSTRATION.

Puifque (*Hyp.*) cette puiffance eft à ce poids comme CD, ou AB qui lui eft égale, eft à AC ; leur concours d'action doit le poufler (*Lemm. 4. Cor. 2.*)
fuivant AD perpendiculaire (*Hyp.*) au plan GM,
& qui paffe auffi (*Hyp.*) par la bafe de ce poids :
Donc (*Cor. 2.*) il doit demeurer deffus en équilibre
avec cette puiffance. Ce qu'il F. D.

COROLLAIRE I.

Il eft clair que fi la puiffance R ceffoit de retenir le
poids EO, il couleroit le long de OL.

COROLLAIRE II.

Si CD eft la plus petite ligne qui puiffe atteindre
de C jufqu'en AD ; c'eft-à-dire, fi l'angle ADC eft
droit, l'angle BAD le fera auffi ; & par conféquent
cette puiffance eft la plus petite (*Cor.* 14.) qui puiffe foutenir ce poids fur ce plan, & elle ne l'y poura
foutenir non plus que (*Cor.* 16.) fuivant cette feule
direction.

COROLLAIRE III.

Si CD n'eft pas la plus petite qui puiffe atteindre
depuis C jufqu'en AD, mais qu'elle foit cependant
encore moindre que AC ; cette même puiffance poura
foutenir

ſoutenir ce poids ſuivant deux directions différentes ;
parce qu'en ce cas CD poura rencontrer AD en deux
points également éloignez de la perpendiculaire tirée
du point C ſur AD. Ce qui revient au Corollaire 16.
de la propoſition précédente.

COROLLAIRE IV.

Enfin ſi CD eſt plus grande que AC, elle ne poura
encore ſoutenir ce poids que ſuivant cette ſeule direction. Ce qui revient auſſi au Corollaire 18.

COROLLAIRE V.

Mais auſſi CD pouvant être infiniment plus grande que AC, cette puiſſance peut auſſi être infiniment
plus grande que ce poids, & demeurer cependant toujours en équilibre avec lui. Ce qui revient encore au
nombre 2. du Corollaire 11.

*Tout cela ſe peut aiſément appliquer à toutes ſortes de
ſurfaces courbes : ceux pour qui ce Projet eſt écrit le voyent
aſſez.*

H

PROPOSITION

FONDAMENTALE

POUR

TOUTES SORTES DE LEVIERS,

De quelque efpéce, & dans quelque fituation qu'ils foient ; & pour toutes les directions poffibles des puiffances, ou des poids qui y font appliquez.

fig 41.
42.
43.
44.
45.
46.

S O I E N T les puiffances E & F appliquées aux points O & X du Levier M N, de quelque efpéce, & en quelque fituation qu'il foit ; quelque angle O A X que faffent auffi entr'elles, les lignes de direction de ces puiffances, indéfiniment prolongées vers A : Ces deux puiffances feront équilibre fur le point fixe B de ce levier, par ou paffe la diagonale AG du parallelogramme RS, dont les côtez AS & AR font entr'eux, comme les puiffances E & F.

DEMONSTRATION.

Concevons pour un moment que MAN eft la figure de ce Levier, & qu'au lieu d'être tiré, ou pouffé par les puiffances E & F, fon point A foit feu-

lement pouſſé, mais en même-tems, vers R ſuivant
AR par une puiſſance égale à F, & vers S ſuivant A S
par une autre puiſſance égale à E. Il eſt conſtant
(*Lemm.* 3.) que l'impreſſion compoſée que ce point
recevroit alors du concours d'action de ces deux
puiſſances, s'il étoit ainſi pouſſé, ne tendroit qu'à le
mouvoir ſuivant la diagonale A G du parallélogram-
me R S ; ainſi ne faiſant d'impreſſion ſur tout le corps
M A N, qu'autant que le point A, à raiſon de l'ob-
ſtacle qu'il leur fait, lui en communique, toute l'action de ces deux puiſſances ſur ce corps, ſe trouveroit
réünie dans la ſeule ligne A G, ou A B ; ſi donc il
ſe trouvoit quelque point fixe dans cette ligne, par
exemple B, ce point ſoutiendroit, lui ſeul, toute
l'impreſſion de ces deux puiſſances ſur ce corps, où
ce Levier ; & par conſéquent ce corps n'en ayant
alors que ce qu'elles lui en communiquent, demeureroit ainſi en équilibre ſur ce point, ſans qu'aucune
d'elles l'emportât ſur l'autre. Oſtons préſentement
ces deux puiſſances, & remettons les deux premiéres
E, & F en action comme auparavant, prenant encore
M A N pour la figure du Levier, ou elles ſont appliquées. Il eſt clair que ces deux puiſſances faiſant
toute la même impreſſion ſur le point A de ce Levier,
& ſuivant la même direction A G, que faiſoient
auparavant celles que nous leur avions ſuppoſées
égales ; leur action doit ſe trouver de même que
celle de ces deux ſuppoſées, toute réünie dans la
ſeule ligne A B : & par conſéquent le point fixe B la
ſoutenant, lui ſeul, toute entiére, elles doivent encore
demeurer en équilibre ſur ce point. Et ſi enfin on
retranche la partie M A N du corps A M N, en ſorte
qu'il n'en reſte plus que le Levier M N : Il eſt encore
clair que les puiſſances E & F agiſſant encore ſur ce
levier de même que lors qu'il étoit joint à la partie

H ij

retranchée, toute leur action doit encore se trouver réünie dans le seul point B de ce levier, par où passe la diagonale A G du parallelogramme R S ; & par conféquent, elles doivent encore demeurer en équilibre sur ce point. Ce qu'il faloit démontrer.

COROLLAIRE I.

On voit affez qu'en quelque fituation, de quelque efpéce, & de quelque figure, que foit le levier auquel deux puiffances, telles qu'elles foient, font appliquées, elles feront toujours en équilibre, quelque angle que faffent entr'elles leurs lignes de direction, tant qu'il y aura un point fixe de ce levier dans la diagonale A G ; c'eft pourquoi on ne s'arrête point ici à exprimer les figures de tous les cas de cette propofition, chacun le pourra faire à fon loifir.

COROLLAIRE II.

On voit encore que les deux mêmes puiffances E & F peuvent faire fucceffivement équilibre fur une infinité de points B de ce même levier en changeant feulement leurs directions : puis qu'on les peut varier en tant de maniéres que A G paffera fucceffivement par tous les points imaginables de ce levier, excepté par les points O & X, où ces deux puiffances font appliquées.

COROLLAIRE III.

Voir la méprise dont m Varignon s'acufe lui même h de fo. de s' avril 1688 p 467.

Ce qui fait voir que dans la fuppofition du concours des lignes de direction des poids au centre de la terre, leurs centres de gravité, ou de direction peuvent changer inceffamment à mefure qu'ils s'en approchent, ou qu'ils s'en éloignent, felon la différente fituation qu'ils peuvent avoir par raport à lui, excepté dans les fphériques. On ne s'arrête point à démontrer cela fur des figures particuliéres , parce qu'il fuit fi naturellement du Corollaire 2. qu'il n'y a perfonne qui ne le puiffe faire de foi-même.

COROLLAIRE IV.

On voit de plus de cette propofition que le point fixe de ce levier , où bien fon appui B eft pouffé de A vers G fuivant A G par l'impreffion compofée qu'il reçoit du concours d'action de ces deux puiffances , & que la réfiftance qu'il leur fait, étant égale à cette même impreffion , eft à la force de chacune d'elles (*Lemm.* 3. *Cor.* 3.) Comme la diagonale A G à chacun des côtez du parallelogramme R S , qui les répréfentent ; c'eft-à-dire , que cette réfiftance du point fixe, où bien de l'appui B de ce levier, eft à la force de la puiffance E , comme A G à A S ; & à celle de la puiffance F , comme la même A G à A R.

COROLLAIRE V.

D'où il fuit que lors que l'angle O A X eft infiniment aigu ; c'eft-à-dire , lors que les lignes de direction E X & O F des puiffances E & F font paralleles , le point A étant alors infiniment éloigné de B , la ligne A G , c'eft-à-dire , (*Cor.* 4.) la direction de l'appui B leur eft auffi parallele , & toujours vers l'endroit, où tendent ces deux puiffances , lors qu'elles tirent du même côté ; ou bien vers celui, ou tend la plus proche de cet appui, lors qu'elles tirent de différens côtez.

COROLLAIRE VI.

Il fuit encore du Corollaire 4. pour tous les leviers de l'efpéce exprimée dans les figures 41. & 42. que plus l'angle O A X , que les lignes de direction des puiffances E & F, font entr'elles , fera obtus , moins

fig. 41.
42.

H iij

fera grande la charge de l'appui B de chacun de ces leviers ; parce que plus cet angle fera obtus, moins fera
grande la raifon de A G aux côtez du parallelogramme
R S, dont elle eft diagonale, quoi qu'en proportion
différente : De forte que l'on peut faire cet angle
fi obtus que la charge de l'appui B de ce levier fera
fi petite qu'on voudra, quoi que les deux mêmes
puiffances demeurent toujours en équilibre deffus ;
jufque-là même qu'elle peut devenir indéfiniment
petite, c'eft-à-dire, moindre que quelque poids donné que ce foit. Il ne faut pour cela qu'ouvrir l'angle
O A X jufqu'à ce que la diagonale A G du parallelogramme R S, foit à chacun de fes côtez A R &
A S en moindre raifon que celle qui eft entre ce poids
donné, & chacune des puiffances F & E que l'on fuppofe appliquées à ce levier.

C O R O L L A I R E VII.

La charge de ce point ne peut pas de même
augmenter à l'infini : Car ne pouvant jamais être
plus grande que lors que l'angle O A X eft infiniment aigu, c'eft-à-dire, lors que les lignes de direction de ces deux puiffances font parallèles ; & la
diagonale A G n'étant encore alors qu'égale à la
fomme des côtez A R & R G du parallelogramme
R S alors infiniment long ; la charge de cet appui ne
peut être, tout au plus, qu'égale à la fomme des puiffances E & F.

C O R O L L A I R E VIII.

fig. 43.
44.
45.
46.

Pour les leviers des efpeces exprimées dans les
figures 43. 44. 45. & 46. Il en va tout autrement :
car plus l'angle O A X eft obtus, plus la charge,
ou la réfiftance de l'appui B eft grande ; parce que
la raifon de la diagonale A G à chacun des côtez du

parallelogramme R S, en eſt plus grande, quoi qu'en
proportion différente ; mais elle ne peut pas pour
cela augmenter à l'infini : car ne pouvant jamais être
plus grande que lors que cet angle eſt infiniment
obtus, c'eſt-à-dire, lors que les lignes de direction
de ces puiſſances concourent en une ſeule ligne
droite ; & la diagonale A G n'étant alors qu'égale à
la ſomme des côtez A R & G R du parallelogramme
R S alors encore infiniment long ; la réſiſtance de cet
appui ne peut par conſéquent être encore, tout au plus,
qu'égale à la ſomme des forces de ces deux puiſſances.

COROLLAIRE IX.

Au contraire, plus cet angle O A X eſt aigu,
moins eſt grande la charge, ou la réſiſtance de l'appui B de ce levier : car plus cet angle eſt aigu, moins
eſt grande la raiſon de la diagonale A G aux côtez
du parallelogramme R S, quoi qu'en proportion différente ; mais elle ne peut pas non plus ainſi diminuer
à l'infini de même que nous venons de dire (Cor. 6.)
qu'elle le peut dans les leviers de l'eſpece exprimée
dans les figures 41. & 42. Car ne pouvant jamais être
moindre que lors que cet angle eſt infiniment aigu,
c'eſt-à-dire, lors que les lignes de direction de ces
puiſſances deviennent paralleles ; & le point G, qui
à meſure que cet angle devient plus aigu, s'approche
de plus en plus de la ligne A R , (fig. 43. & 44.)
ou A S (fig. 45. & 46.) entrant alors dans cette
ligne , A G demeure encore égale à la différence de
A R à A S ; & par conſéquent la charge, ou la réſiſtance de l'appui B ne peut jamais être moindre que
la différence des forces des puiſſances E & F.

COROLLAIRE X.

D'où l'on voit en général 1°. que dans toutes for-

fig. 41.
42.
43.
44.
45.
46.

tes de Leviers, de quelque figure, en quelque fituation, & de quelque efpéce qu'ils foient, quelles que
foient auffi les lignes de direction de puiffances, ou
des poids qui y font appliquez, la charge de leur apui
ne peut être jamais plus grande (*Corol.* 7. & 8.)
que la fomme de ces poids, ou de ces puiffances.
2°. que dans les leviers de l'efpéce exprimée par les
figures 41. & 42. elle peut (*Cor.* 6.) diminuer à l'infini. 3°. Mais que dans toute autre efpéce (*fig.* 43. 44.
45. & 46.) elle ne peut jamais être moindre (*Cor.* 9.)
que la différence des deux puiffances, ou des deux
poids qui y font appliquez.

Perfonne que je fçache n'avoit encore démontré la charge,
n'y la direction des points d'apuy des leviers : il ne paroît pas
même qu'il foit aifé de le faire par les principes ordinaires ;
fans cela cependant il y à bien des Problèmes qu'on ne fçau-
roit réfoudre. Par exemple, fans la connoiffance de la direc-
tion des apuis, il n'eft pas poffible de démontrer qu'elles doivent être les directions de deux puiffances, foit égales,
foit inégales, pour qu'elles puiffent faire équilibre fur
quelque levier que ce foit, dont l'apui eft une fphére; n'y
fur combien de points de ce levier ainfi apuïé, il eft poffible qu'elles faffent équilibre en changeant feulement
leurs directions. *Il n'eft pas poffible non plus fans la connoif-*
fance & de la direction, & de la charge des apuis des leviers de
trouver le point d'apui de celui auquel tant de puiffances qu'on voudra, foient appliquées, pour toutes
les directions poffibles dans lefquelles on les peut fuppofer ; *ny* deux puiffances étant données avec leurs
directions & leurs points d'application à un levier,
de trouver quelle doit être la direction, & le point
d'application d'une troifiéme puiffance auffi donnée,
pour que toutes trois enfemble faffent équilibre fur
quelque point donné, que ce foit, de ce levier. *Il faut*
penfer

penser la même chose de tout autre *Problème* sur les leviers
dont la solution dépend de la détermination de la charge,
& de la direction de leurs apuis.

COROLLAIRE XI.

Il suit encore de cette proposition que les puissances E & F, qui demeurent ainsi en équilibre sur le
levier MN, sont en raison réciproque des lignes BD
& BP tirées de son point d'apui B perpendiculairement sur leurs lignes de direction, qu'elles quelles
soient : Car puisque la puissance E est à la puissance
F, comme AS, ou GR à AR ; c'est-à-dire, (*Lemm.*
5.) comme le sinus de l'angle GAR, ou de OAB son
(*fig.* 41. 42. 43. & 44.) égal, ou (*fig.* 45. & 46.)
son complement, est au sinus de l'angle RGA, ou de
XAB son (*fig.* 41. 42. 43. 45. & 46.) égal, ou (*fig.*
44.) son complement ; & que d'ailleurs BP est le
sinus de l'angle OAB, & BD celui de l'angle XAB : Il
suit que la puissance E est à la puissance F, comme BP
à BD ; c'est-à-dire, en raison réciproque des distances
de leurs lignes de direction, au point d'appui de leur
levier. Ce qui fait que lors que l'angle OAX est
infiniment aigu, c'est-à-dire, lors que les lignes de
direction de ces deux puissances sont paralleles, &
que ce levier est droit, quelque situation qu'il ait,
ces deux puissances sont toujours entr'elles, tant
que dure leur équilibre, en raison réciproque des
bras de ce levier pris depuis son point d'appui, jusqu'aux points où elles lui sont appliquées.

COROLLAIRE XII.

L'inverse de ce dernier Corollaire suit encore ma-
nifestement de cette proposition : sçavoir que lors

I

que ces deux puissances sont en raison réciproque
des distances de leurs lignes de direction au point
d'appui de leur levier , de quelque espece qu'il soit ,
elles demeurent toûjours en équilibre ; puis - qu'un tel
point ne se peut trouver ailleurs que dans la diagonale
AG du parallelogramme RS : ainsi lorsque , leurs lignes
de direction étant paralleles , & leur levier droit ,
elles sont en raison réciproque des bras de ce levier ,
elles demeurent toujours en équilibre dessus.

COROLLAIRE XIII.

D'où l'on voit en général que *lors que deux puissances
font équilibre sur un levier, de quelque espece, & en quelque
situation qu'il soit , elles sont toujours entr'elles en raison
réciproque des distances de leurs lignes de direction au point
d'appui de ce levier. Et réciproquement aussi , lors qu'elles
sont en raison réciproque des distances de ces mêmes lignes au
point d'appui de ce levier , de quelque espece, de quelque figure,
& en quelque situation qu'il soit , elles font toujours équilibre
dessus.*

Voila ce qu'on appelle ordinairement le premier principe
de Méchanique , & ce que personne , du moins que je con-
noisse , n'avoit encore démontré de cette maniére , n'y si généralement. Le voici encore d'une autre façon.

LEMME VI.

fig. 47.
48.
49.
SI deux puissances D & E appliquées au même point A
d'un levier AB, dont le point fixe soit B , sont entr'elles
en raison réciproque des sinus des angles que font leurs lignes
de direction , qu'elles quelles soient , avec ce levier ; elles
demeureront en équilibre.

DEMONSTRATION.

Le point A ainſi tiré par les puiſſances D & E,
doit en recevoir une impreſſion ſuivant quelque
ligne AG qui ſoit la diagonale d'un parallelogramme
RS fait ſous des parties de leurs lignes de direction
AS & AR qui ſoient entr'elles, (*Lemm.* 3.) comme
ces mêmes puiſſances ; & la force de cette impreſſion
doit être à chacune des puiſſances D & E , comme
(*Lem.* 3. *Cor.* 3.) AG à chacune des lignes AS & AR,
ou SG qui lui eſt égale ; c'eſt-à-dire, (*Lem.* 5.) comme
le ſinus de l'angle ASG, à chacun des ſinus des angles
AGS, ou GAR qui lui eſt égal, & GAS ; & par conſéquent les puiſſances D & E ſont entr'elles, comme les ſinus GAR & GAS. Elles ſont auſſi (*hyp.*) entr'elles, comme les ſinus des angles RAB & SAB ; & par conſéquent les ſinus de GAR & de RAB , de même que
ceux de GAS & SAB ſont égaux entr'eux : donc les angles GAR & RAB, auſſi-bien que GAS & SAB, ſont
auſſi égaux , ou, du moins, complemens l'un de l'autre à
deux droits. D'où il ſuit que AG eſt en ligne droite avec
AB ; & par conſéquent le point fixe B du levier AB ſou-
tient, lui ſeul, l'impreſſion toute entiére que le point A
reçoit du concours d'action des puiſſances D & E ; & ce
point demeurant ainſi en repos, ces puiſſances doivent
auſſi par conſéquent demeurer en équilibre. Ce qu'il
faloit démontrer.

COROLLAIRE I.

On voit de-là qu'une même puiſſance peut ainſi
faire ſucceſſivement équilibre avec pluſieurs autres,
quelques grandes, ou quelques petites qu'on les ſuppoſe, pourvu qu'elle ſoit à chacune d'elles en raiſon ré-

ciproque des finus des angles que font avec ce levier
fa ligne de direction, & celle de la puiffance avec
laquelle on la compare ; c'eft-à-dire, pourvû que les
produits de ces deux puiffances par les perpendiculaires tirées du point d'appui de ce levier fur leurs
lignes de direction, foient égaux.

COROLLAIRE II.

D'où l'on voit que l'action d'une puiffance ne fe
prend pas feulement de la grandeur de fa force ; mais
auffi de la diftance de fa ligne de direction au point
d'appui du levier fur lequel elle agit : De forte que
le produit de cette diftance par la force de cette puiffance, eft la mefure jufte de fon action, ou de l'impreffion qu'elle fait fur ce levier.

COROLLAIRE III.

Ainfi en quelque point que ce foit d'un levier
quelle foit appliquée, pourvû que la diftance du
point d'appui de ce levier à fa ligne de direction foit
toujours la même, fon action fur ce levier fera auffi
toujours la même.

COROLLAIRE IV.

Et par la même raifon fi différentes puiffances égales agiffoient fucceffivement fuivant la même direction, ou fuivant des directions également diftantes
du point d'appui du levier auquel elles feroient appliquées ; leurs actions fur ce levier feroient auffi
égales.

COROLLAIRE V.

Et réciproquement fi ces puiffances ainfi appliquées
à ce levier agiffent également fur lui, elles feront

aussi égales entr'elles : puis que les distances de leurs **DES**
lignes de direction au point d'appui du levier auquel **LEVIERS.**
elles sont appliquées , sont (*hyp.*) égales , & que les
produits de chacune d'elles par la force de chacune
de ces puissances, sont (*Cor.* 2.) aussi égaux.

I iij

A U T R E

P R O P O S I T I O N

D E S　L E V I E R S,

Pour tous les cas possibles de la fondamentale précédente.

fig. 50.
51.
52.

S*I les puissances E & F appliquées à différens points X & O du levier BO, de quelque figure, de quelque espéce, & en quelque situation qu'il soit ; sont entr'elles en raison réciproque des distances BD & BP de leurs lignes de direction XE & OF, qu'elles quelles soient, au point fixe B de ce levier ; c'est-à-dire, si E. F. :: BP. BD. Ces deux puissances ainsi appliquées demeureront en équilibre sur ce levier.*

D E M O N S T R A T I O N.

Si la puissance E étoit appliquée en O suivant une ligne de direction OQ, dont la distance BQ au point d'appui B de ce levier, fût égale à BD qui est celle de ce même point à la ligne de direction XE qu'elle a présentement, cette puissance (*Lemm. 6.*) demeureroit en équilibre avec la puissance F. Or l'action de cette puissance appliquée en X suivant XE, est la même (*Lemm. 6. Corol. 3.*) qu'elle seroit alors sur ce levier : Donc ces deux puissances ainsi appliquées en X & en O, doivent demeurer en équilibre. Ce qu'il faloit démontrer.

COROLLAIRE.

Il fuit réciproquement de cette propofition que fi les puiffances E & F font équilibre fur quelque levier que ce foit, elles feront entr'elles en raifon récipro-que des diftances de fon point d'appui à leurs lignes de direction : puis que fi quelque nouvelle puiffance mife en la place, par exemple, de la puiffance E, & appli-quée comme elle au levier BO, étoit en telle raifon à la puiffance F, elle feroit équilibre avec elle. Or une telle puiffance (*Lemm. 6. Cor.* 5.) feroit égale à la puiffance E : Donc la puiffance E feroit auffi alors à la puiffance F en raifon réciproque des diftances de leurs lignes de direction au point d'appui du levier fur lequel elles feroient équilibre.

On ne met point ici tous les Corollaires qu'on pourroit tirer tant de cette propofition, que de la précédente, par raport à la Balance, à la Romaine, au Tour, aux Rouës à dent, aux Ci-feaux, aux Tenailles, aux Etocs, &c. ce fera lors qu'on en fera l'application à la phyfique ; D'ailleurs tres-peu d'atten-tion fuffit préfentement pour en déduire beaucoup plus que la breveté, qu'on s'eft propofée dans ce projet, ne permet de faire.

※※※※※※※※※※※※※※※※※※※※※※※※※※※※※

PROBLEME.

TANT de puiffances qu'on voudra appliquées à un même levier ; par exemple, les cinq que voici M, N, O, P, Q, étant données avec leurs lignes de direction AM, CN, EO, HP, & GQ, quelles quelles foient ; trouver le point de ce levier fur lequel elles peuvent ainfi appliquées de-meurer toutes enfemble en équilibre.

fig. 53.
54.
55.
56.
57.
58.
59.

SOLUTION.

fig. 53.
54.
55.

Premiérement fi ces lignes de direction font toutes paralleles entr'elles, de quelque côté que ces puiffances tirent, il faut prendre fur le levier AH prolongé, s'il en eft befoin, Hλ à Gλ, comme la puiffance Q eft à la puiffance P, & l'on aura le point λ fur lequel ces deux puiffances ainfi appliquées feroient équilibre, (Corol. 12.) fi elles étoient feules. La direction de ce point (Cor. 5.) étant vers Q parallelement à HP, c'eft-à-dire, (hyp.) à EO ; & fa charge étant (Cor. 7. fig. 53.) égale à la fomme des forces de ces deux puiffances, ou (Cor. 9. fig. 54. & 55.) à leur différence : au lieu d'elles on en peut fuppofer une nouvelle de cette valeur appliquée en ce point λ, & dirigée du côté de la puiffance Q parallelement à EO. Il eft clair que cette nouvelle puiffance faifant la même impreffion fur ce levier que les puiffances P & Q y en faifoient auparavant, fon centre d'équilibre avec la puiffance O, fera le point lequel les trois puiffances O, P, & Q feroient équilibre, fi elles étoient feules, & appliquées comme elles font : l'ayant donc trouvé comme l'on vient de faire le point λ ; c'eft-à-dire, ayant fait λF à FE, comme la puiffance O, à la charge qui réfulte au point λ du concours d'action des puiffances P & Q ; on aura le point F dont la direction fera encore (Cor. 5.) parallele à celle de ces puiffances, & du côté de Q ; & la charge en fera égale (Cor. 7. fig. 53.) à la fomme de ces trois-ci O, P, & Q ; ou (fig. 54.) à la fomme de la puiffance O, & de la différence qui eft entre les puiffances P & Q ; ou enfin (Cor. 9. fig. 55.) à la différence qui eft entre la puiffance O, & la différence des puiffances P & Q : ainfi au lieu de la puiffance O, & de celle que nous avons fuppofée en λ, fi nous en concevons encore

core un autre de la valeur de la charge du point F, appliquée en ce point , & dirigée du côté de la puiſſance Q parallelement à NC ; nous trouverons ſon centre d'équilibre D avec la puiſſance N, de même que nous avons déja trouvé les points F, & λ. Enfin ôtant encore la puiſſance N avec celle qui étoit appliquée en F , & mettant à leur défaut au point D une autre puiſſance égale à ſa charge, & dirigée du côté de la puiſſance O parallelement à AM ; on trouvera encore le centre de direction B qui lui eſt commun avec la puiſſance M, de même que l'on vient de faire les points λ, F, & D ; & ce point B ſera (*Cor.* 12.) celui ſur lequel les cinq puiſſances M, N, O, P, & Q, ainſi dirigées demeureront en équilibre. Ce qu'il faloit premiérement trouver.

Corollaire I.

On voit aſſez que ſi ce levier AH, (*fig.* 55.) ſe fût terminé en H, ce Problême en ce cas auroit été impoſſible.

Corollaire II.

Ce que nous venons de démontrer des leviers droits, ſe peut fort aiſément appliquer à toutes ſortes de leviers courbes ; par exemple, à celui de la fig. 56. en faiſant ſeulement à diſcretion quelque ligne droite *ab* , qui rencontre (il n'importe comment) toutes les lignes de direction des puiſſances M, N, O, P, & Q, en *a, c, e, h*, & *g* : car la regardant comme un levier auquel ces puiſſances ſont appliquées en ces mêmes points , on en trouvera , comme l'on vient de faire , le point d'appui *b* , avec ſa ligne de direction *b*B, qui rencontrant le levier AH, donnera le point B qui ſera ſon point d'appui : Puis que les rapports de diſtances de ce point aux lignes de di-

fig. 56.

K

rection de ces puiſſ nces , qui ſont (*hyp & Cor.* 5. paralleles à *b* B , ſont les mêmes que ceux des diſtances du point *b* à ces mêmes lignes.

Secondement , s'il ſe trouve quelques-unes des lignes de direction des puiſſances données,qui ne ſoient point paralleles entr'elles, quelles que ſoient les autres, & de quelque côté que ces puiſſances tirent encore ; Voici comment on pourra trouver le point d'appui du levier AH auquel elles ſont appliquées. Soient, ſi l'on veut , les directions H P & G Q des puiſſances P & Q , non paralleles , & qu'elles ſe rencontrent en V : faite V R à V S , comme la puiſſance P à la puiſſance Q ; achevez le parallelogramme R S , & faite la diagonale V K qui rencontre en λ le levier AH prolongé juſqu'où il en ſera beſoin : ce point ſera *(prop. fond.*) celui ſur lequel ces deux puiſ-ſances ainſi appliquées feroient équilibre , ſi elles étoient ſeules ; & ſa charge , dont la direction eſt de V vers K ſuivant VK , (*Cor.* 4.) ſera à chacune des puiſſances P , & Q , comme VK à chacune des lignes VR & VS qui les repréſentent : De ſorte que ſi au lieu de ces deux puiſſances , on en appliquoit quelqu'autre au point λ de ce levier , ſuivant cette même direction VK , & qui eût ce même raport à chacune d'elles , c'eſt-à-dire , qui fût égale à la charge de ce point ; elle feroit ſeule ainſi appliquée la même impreſſion ſur ce levier que font préſente-ment ces deux enſemble ; & par conſéquent ſon centre d'équilibre avec la puiſſance O , ſeroit celui des trois puiſſances , O , P , & Q ; c'eſt-à-dire, le point ſur lequel elles feroient équilibre , ſi elles étoient ſeules , & ainſi appliquées. S'il arrive que VK & OE ſoient paralleles , on trouvera ce point comme l'on a fait dans l'hypothêſe des directions

paralleles ; mais si elles se rencontrent en quelque
point T, il faut, comme l'on vient de faire, prendre
TY à TZ, comme la puissance supposée en λ, est à
la puissance O ; & ayant achevé le parallelogramme
YZ, faite sa diagonale TX qui rencontre en F le
levier AH : ce point sera encore (*Prop. fond.*) celui
sur lequel ces deux puissances, ou bien ces trois-ici O,
P, & Q, feroient équilibre, si elles étoient seules, &
appliquées suivant les conditions de ce Problême ; &
sa charge, dont la direction est de T vers X, (*Cor. 4.*)
est en ce cas à la puissance O, comme TX à TZ : ôtant
donc encore cette puissance avec celle que nous
avions supposée en λ au lieu des puissances P & Q ;
& en mettant une autre en F, dirigée de T vers X
suivant TX, & qui soit à la puissance O, comme
TX à TZ ; elle fera encore seule ainsi appliquée la
même impression sur le leuier AH, que lui faisoient
auparavant les trois puissances O, P, & Q ; & par
conséquent son centre d'équilibre avec la puissance
N, sera celui des quatres puissances N, O, P, & Q.
S'il arrive que TX & NC soient paralleles, on trouvera encore ce point comme dans la première partie
de cette solution ; mais si elles se rencontrent en quelque point ß, il faut encore prendre ßγ à ßε, comme
la puissance supposée en F, est à la puissance N ; &
ayant achevé le parallelogramme εγ, il faut prolon-
ger sa diagonale ßδ jusqu'à ce qu'elle rencontre le
levier AH en D, & ce point sera (*prop. fond.*) celui
sur lequel ces deux puissances, ou bien ces quatre-ci
N, O, P, & Q, feroient équilibre, si elles étoient
seules, & appliquées suivant les directions données
de ce problême. La direction de ce point sera encore
de ß vers δ suivant ßδ, (*Cor. 4.*) & sa charge sera
aussi à la puissance N, comme ßδ à ßε : ainsi au lieu
de la puissance N, & de celle que nous venons de

K ij

suppofer en F, si l'on en suppofe encore quelqu'autre
en D, dirigée de β vers δ suivant βδ, & qui soit à la
puiffance N, comme βδ à βε ; cette nouvelle puiffance ainsi appliquée au levier AH, fera encore
feule sur lui la même impreffion que faifoient auparavant les quatre puiffances N, O, P, & Q ; & par
conféquent fon centre d'équilibre avec la puiffance
M, fera celui des cinq puiffances données dans ce
problême. S'il arrive que βδ foit parallele à AM, on
trouvera encore ce point comme l'on a fait dans le cas
des directions paralleles ; mais si elles fe rencontrent
en quelque point L, il faut encore prendre Lθ à Lω,
comme la puiffance qu'on fuppofe en D, eft à la puiffance M ; & ayant achevé le parallelogramme ωθ, il
faut tirer la diagonale LI, qui rencontrant le levier
AH, donnera le point B pour centre d'équilibre
(*Prop. fond.*) de ces deux puiffances ; c'eft-à-dire en
remettant à la place de celle qu'on fuppofe en D, les
quatre N, O, P, & Q, qu'elle fuppléoit ; fur lequel
les cinq puiffances données, & appliquées fuivant
les conditions de ce Problême, feront équilibre. Ce
qu'il faloit encore trouver.

*Ce Problême, tout facile qu'il paroît à réfoudre par les
principes qu'on fuit ici, eft peut-être un des plus difficiles
qu'on puiffe propofer à ceux qui font dans les principes ordinaires ; non feulement quant à la manière de déterminer les
points d'appui des leviers pour toutes les directions poffibles
des puiffances, ou des poids qui y font appliquez ; mais auffi
quant à celle de reconnoître leur direction, & leur charge,
de quelque efpece, & dans quelque fituation qu'ils foient :
C'eft peut-être auffi ce qui a fait que les Méchaniciens, qui
ont entrepris de démontrer le cas de la figure 53. n'ont ofé toucher aux autres.*

Outre les *Poulies*, les *Surfaces*, & les *Leviers*, on met encore la *Vis* au rang des machines qu'on regarde comme capitales entre celles qui sont propres à faciliter les mouvemens ; mais parce que cette derniére se rapporte toute au plan incliné & au levier, dont on va voir qu'elle est composée, nous n'en dirons ici que tres-peu de choses.

DE LA VIS.

REMARQUES.

I.

ON voit affez que tout l'ufage de la Vis eft de tirer, ou de repouffer fuivant la direction de fon axe tout ce qui lui fait quelque réfiftance ; & fi elle eftfixe, la force, ou le corps contre lequel on s'en fert, doit tirer, ou preffer fon écroüe du côté diametralement oppofé à celui vers lequel il eft forcé d'avancer. Au contraire fi c'eft l'écroüe qui foit fixe, cette force, où ce corps doit tirer, ou preffer la vis ellemême de ce même côté.

I I.

De forte, que dans l'ufage de la vis, lors qu'elle eft fixe, l'on doit regarder tous les points de fon écroüe, comme tirez ou preffez parallelement à fon axe du côté que cette écroüe eft preffée, ou tirée par la force, ou par le poids dont elle eft chargée.

I I I.

D'où l'on voit que les lignes de direction de tous ces points, font toutes obliques à celui des pas de cette vis fur lequel ceux de ces points qui le touchent, s'appuyent ; & par conféquent (*démonft. des*

furf. n. 3.) fi cette vis, & fon écrouë étoient Mathé-
matiquement juftes, chacun d'eux tendroit à couler
du côté que fa ligne de direction s'écarteroit de la
perpendiculaire tirée de lui à ce pas ; & parce que
cet écartement fe feroit pour tous du même côté, à
caufe du parallelifme de toutes ces lignes, & de la
pente uniforme du cordon de cette vis dans toute
fa longueur : Il fuit évidemment que tous ces points
devroient s'accorder dans un même mouvement qui
emportât cette écrouë fuivant le fil de ce cordon,
c'eft-à-dire, en tournoyant du côté de cet écartement ;
fi dans fon frotement avec la vis, l'inégalité de leurs
parties ne les acrochoient point enfemble.

I V.

La même chofe fe doit entendre de tous les points
de la vis, fi c'eft l'écrouë qui foit fixe.

V.

Ainfi à regarder l'une & l'autre dans une juftefle
Mathématique, il faut néceflairement quelque force
pour retenir celle des deux qui eft mobile, contre
l'impreflion de la force, ou du poids qui la charge.
La voici.

PROPOSITION·

DE LA VIS.

Lorfqu'une *puiffance foutient quelque poids, ou l'action
de quelque autre force à l'aide d'une vis, foit que
cette vis foit fixe, ou que ce foit fon écrouë ; cette puiffance*

DE LA VIS. *est toujours à ce poids, ou a cette force, quelle qu'elle soit, comme la distance qui est entre deux des pas de cette vis, à la circonférence d'un cercle, dont le rayon est égal à la distance qui est entre cette puissance & l'axe de cette même vis.*

DEMONSTRATION.

fig 60. Premiérement si la vis VXYZ est fixe, concevons que le point A de son écrouë PQ soit retenu sur un de ses pas GH par quelque puissance R dont la direction AB soit dans le plan de cette écrouë, & perpendiculaire à EP qui y est aussi, & qui passe par le point A. Il est clair que cette puissance retenant par ce moyen toute l'écrouë PQ, ce point A fait sur elle la même impression que s'il soutenoit lui seul toute l'action du poids, ou de la force, quelle qu'elle soit, qui pousse cette écrouë, ou qui la tire (*Remarq.* 1.) vers ZY parallelement à l'axe MS de cette vis : Ainsi l'on peut regarder le point A de cette écrouë, comme ayant lui seul suivant AC perpendiculaire au plan de cette écrouë, & parallele à MS, toute l'impression qu'elle reçoit de sa charge ; de sorte que si l'on fait AD perpendiculaire au pas GH de cette vis, & que de quelque point D de cette ligne, l'on acheve le parallelogramme BC, on verra (*prop. fond. des surf.*) que la puissance R sera à la charge de l'écrouë PQ, comme AB, à AC, ou à BD qui lui est égale ; c'est-à-dire, à cause que le triangle HFG roulé sur la vis VXYZ, est semblable au triangle ABD ; comme HF au demi tour FG de cette vis, ou comme 2HF, c'est-à-dire, HK à un tour entier. Or regardant EAP comme un levier dont l'appui est le point E de l'axe MS de cette vis, & qui se trouve dans le plan de son écrouë ; la puissance P, dont la direction est aussi dans ce même plan, & perpendiculaire à EP, & conséquemment parallele à AB,

soutenant

foûtenant ainſi (*Hyp.*) le point A , où la charge de l'écrouë PQ au lieu de la puiſſance R , eſt à cette derniére puiſſance, (*Lemm.* 6. *Cor.* 2.) comme EA à EP, ou comme le tour entier de cette vis à la circonférence d'un cercle dont le rayon ſoit EP : Ainſi en multipliant par ordre ces deux rangées de proportionelles , l'on aura la puiſſance P à la charge de l'écrouë PQ , comme la diſtance HK qui eſt entre deux des pas de cette vis , à la circonférence d'un cercle dont le rayon eſt égal à la diſtance EP qui eſt entre cette ſance & l'axe de cette même vis.

Secondement , ſi c'eſt l'écrouë PQ qui ſoit fixe, concevons que le point A appartient à la vis VXYZ, & qu'il eſt retenu ſur le pas de cette écrouë par quelque puiſſance R dont la direction ſoit encore ſuivant AB qu'on ſuppoſe dans le plan de cette écrouë, & perpendiculaire à EP qui y eſt auſſi. Il eſt encore clair que cette puiſſance retenant par ce moyen toute la vis VXYZ , ce point A fait encore ſur elle la même impreſſion ſuivant AC parallele à MS , que s'il ſoutenoit , lui ſeul , toute l'action de ce qui pouſſe, (*remarq.* 1.) ou de ce qui tire cette vis vers ZY : ainſi pour la même raiſon que ci-deſſus , la puiſſance R ſera encore à la charge de cette vis , comme AB à BD ; c'eſt-à-dire, comme HF à FG , ou bien comme HK au circuit de cette vis ; & la puiſſance T , qui au lieu de la puiſſance R retient cette vis , eſt auſſi à cette derniére puiſſance, (*Lemm.* 6. *Cor.* 2.) comme EA à ST , ou comme un tour entier de cette vis à la circonférence d'un cercle dont ST ſoit le rayon : ainſi en multipliant encore par ordre ces deux rangées de proportionnelles , on aura encore la puiſſance T à la charge de cette vis, comme la diſtance qui eſt entre deux de ſes pas, à la circonférence d'un cercle dont le rayon eſt égal à la diſtance qui eſt entre cette puiſſance & l'axe de cette même vis.

L.

DE LA VIS. Donc lors qu'une puissance soutient un poids, ou l'action de quelqu'autre force que ce soit, à l'aide d'une vis, soit que cette vis soit fixe, ou que ce soit son écrouë, cette puissance est toujours à ce poids, ou à cette force, comme la distance qui est entre deux des pas de cette vis, à la circonférence d'un cercle, dont le rayon est égal à la distance qui est entre cette puissance & l'axe de cette même vis. Ce qu'il faloit démontrer.

COROLLAIRE I.

D'où l'on voit que pour peu que la raison d'une puissance à un poids, ou à quelqu'autre force, surpasse celle de la distance, qui est entre deux des pas d'une vis, à la circonférence d'un cercle, dont le rayon soit la distance de l'axe de cette vis à cette puissance, elle pourra ainsi appliquée surmonter ce poids, ou cette force à l'aide de cette vis, & elle le fera d'autant plus aisément que cette raison sera plus grande.

L'obstacle que le frotement de la vis avec son écrouë fait à ce mouvement, doit être compté comme faisant partie de sa charge : c'est ainsi qu'on la peut réduire à une justesse Mathématique, de même que toute autre machine.

COROLLAIRE II.

D'où il suit que plus les pas d'une vis sont serrez, & que la distance de son axe à la puissance qui y est appliquée, est grande, plus il est facile à cette puissance de surmonter le poids, ou la force qui agit contr'elle.

COROLLAIRE III.

Il suit encore de cette proposition qu'une même

puiffance peut également mouvoir un même poids, ou furmonter une même force, à l'aide d'une même vis, foit qu'on la fuppofe appliquée à cette vis, où qu'elle le foit à fon écrouë ; pourvû qu'elle foit éga-lement diftante de fon axe dans l'un & l'autre cas.

On ne dit rien ici du Coin, de la Scie, du Mortier, &c. ce font plûtôt des inftrumens, ou des outils propres à faciliter la divifion d'un corps, que des machines qui puiffent en fa-ciliter le mouvement; on aura peut-ètre un jour occafion d'en parler.

F I N.

EXAMEN

DE L'OPINION

DE M· BORELLI

SUR LES PROPRIETEZ DES POIDS
suspendus par des cordes.

AVERTISSEMENT.

C'EST ici l'éxamen promis dans la réfléxion qui ſuit la preuve de la premiére propoſition du Projet précédent. On ne croyoit pas d'abord le pouvoir donner ici ; mais s'étant trouvé fait plûtôt qu'on ne s'y étoit attendu , on le joint à ce Projet. On a été naturellement conduit par les principes qu'on y ſuit , à une propoſition ſur les proprietez des poids ſuſpendus par des cordes , qui s'eſt trouvée la meſme que celle que Monſieur Borelli avoit critiquée dans Stévin , & dans Hérigone ; & ç'a été par la neceſſité de la juſtifier qu'on s'eſt trouvé engagé à l'examen de ſa critique.

On diviſe cet examen en deux Chapitres : dans le premier on fait voir que le ſentiment que M. Borelli reprend dans Hérigone , dans Stévin, & dans les autres ; bien loin d'être contraire , comme il l'a crû , à la 68. propoſition du Tome premier de ſon traité du mouvement des Animaux , en eſt une ſuite ſi néceſſaire , que s'il eut fait encore quelques pas , il y ſeroit infailliblement entré. On indique enſuite dans ce meſme Chapitre quelques paralogiſmes que cet Autheur a commis , lors meſme qu'il croyoit en voir dans les raiſonnemens qu'il a critiquez.

AVERTISSEMENT.

Dans le second Chapitre, apres avoir encore donné quelques démonstrations du sentiment d'Hérigone & des autres, toutes differentes de celles que M. Borelli a critiquées ; on rend par la methode du Projet précedent les Lemmes sur lesquels cet Auteur a fondé tout ce qu'il a dit de la force des Muscles, beaucoup plus généraux qu'ils ne le peuvent estre par la sienne.

Au reste si l'on attaque une erreur où M. Borelli est tombé, on n'en est pas moins persuadé du mérite extraordinaire de ce grand homme, dont les principaux Ouvrages doivent estre mis au nombre des Livres les plus originaux qui ayent paru dans ce siecle-ci ; mais il n'y a personne qui ne puisse faire un faux pas, sur tout dans des matieres aussi delicates que celles-ci, & où le paralogisme se glisse aussi facilement.

Tout ce qu'on citera de cet Auteur dans cet examen, sera pris du Tome premier de son Traité du mouvement des Animaux, de l'édition de Rome, faite en 1680. On spécifie l'édition à cause des pages qu'on en citera quelques fois.

EXAMEN

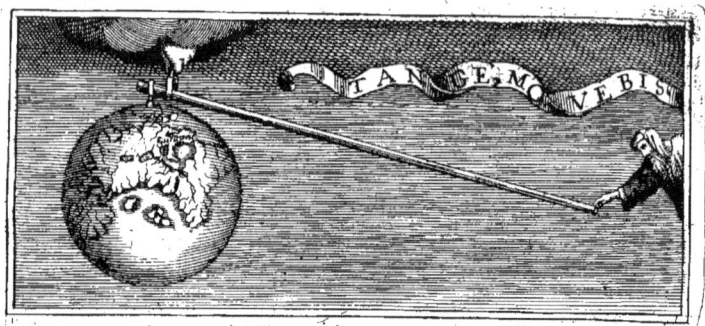

EXAMEN
DE L'OPINION
DE M. BORELLI
Sur les propriétez des Poids suspendus
par des cordes.

ETAT DE LA QUESTION.

MONSIEUR BORELLI dans son Traité du
mouvement des Animaux Tome 1. Chapi-
tre 13. a fait une fort longue digression pour prouver que Hérigone, Stévin, & plusieurs autres se
sont trompez d'avoir avancé comme proposition générale que *le poids T soutenu avec les cordes obliques AC* fig. 1:
& BC par deux poids, ou deux puissances R & S; est à chacun

M

d'eux , ou d'elles , comme la partie HC de fa ligne de di-
rection à chacun des cotez CN & MC du parallelogramme
MN , dont elle eſt diagonale. Cet Autheur dit (*pag.*
„ 137.) que cette propoſition priſe dans toute ſon
„ étenduë & ſans reſtriction , lui paroît ſuſpecte
„ pour bien des raiſons ; & même qu'il la croit capa-
„ ble de jetter dans l'erreur.

　　Il réduit toutes ces prétenduës raiſons à trois :
1°. il dit (*pag.* 138.) avoir démontré dans le ſcholie
„ de la 68. propoſition du Tome 1. de ce traité , que
„ les deux puiſſances R & S appliquées au poids T
„ ſuivant des directions obliques , peuvent demeurer
„ en équilibre avec lui , non ſeulement quelque
„ raport qu'elles ayent entr'elles , fût-il plus grand,
„ ou moindre que celui de NC à CM , mais encore de
„ quelque maniére que le raport de la ſomme de ces
„ deux puiſſances à ce poids , fût différent de celui
„ de la ſomme de NC & MC à CH. 2°. il a fait , dit-
il , auſſi pluſieurs expériences qui lui paroiſſent
confirmer ce ſentiment. 3°. Enfin il a crû voir du
paralogiſme dans deux démonſtrations qu'il a critiquées, dont la premiére paroît être du P. Pardie, & l'autre commune au reſte des Autheurs qu'il attaque.

　　Il eſt conſtant que de toutes ces raiſons la premiére
eſt non ſeulement la principale , mais encore l'unique
qui puiſſe ſervir à la déciſion de ce différent : Car 1°. en
fait d'exactitude & de préciſion , l'expérience ne
prouve rien ; ſur tout ici , ou la réſiſtance qui vient
du frotement des poulies avec leurs pivots, &c. rend
ces ſortes d'expériences poſſibles en tant de maniéres
différentes , qu'il n'y a preſque point de ſentiment
pour, ou contre lequel on n'en puiſſe faire à ſon gré.
2°. Qu'il y ait , ou qu'il n'y ait point de paralogiſme

dans les raifonnemens qué cet Autheur critique , on n'en peut rien conclure non plus contre le fentiment qu'il attaque ; puifque la vérité ne dépend point du tout de la maniére dont on la démontre.

Toute la queftion préfente fe réduit donc à fça-voir fi en effet M. Borelli a démontré dans le fcholie de fa 68. Propofition Tome 1. que les « deux puiffances R & S appliquées au poids T « fuivant des directions obliques , peuvent demeu- « rer en équilibre avec lui , non feulement quelque « raport qu'elles ayent entr'elles , fût-il plus grand , « ou moindre que celui de NC à CM ; mais encore « de quelque maniére que le raport de la fomme de « ces deux puiffances à ce poids , fût différent de « celui de la fomme de NC & MC à CH. Que dî-je ? « Ce feroit affez pour détruire la propofition qu'il rejette , s'il avoit feulement démontré un cas ou ce poids pût ainfi demeurer en équilibre avec ces puif-fances , fans être à chacune d'elles , comme la partie CH de fa ligne de direction , qui fait la diagonale du parallelogramme MN , à chacune des parties de leurs cordes , qui lui fervent de côtez. Mais bien loin de l'avoir fait , la propofition d'où il tire le fcholie en queftion , prouve tout le contraire , je veux dire , le fentiment d'où il a crû qu'elle le devoit éloigner.

C'eft ce qu'on va faire voir dans le premier Chapitre de cet Examen ; & dans le fecond , aprés avoir encore donné quelques démonftrations de ce même fentiment , toutes différentes de celles que M. Borelli a critiquées , on rendra par la méthode du Projet précédent les Lemmes qu'il a déduits de fa 68. propofition , beaucoup plus généraux qu'ils ne le peuvent être par la fienne.

M ij

CHAPITRE I.

SENTIMENT D'HERIGONE, DE STEVIN, &c.

SUR LES PROPRIETEZ DES POIDS suspendus par des cordes,

Démontré par la proposition même que M. BORELLI avoit cru leur être contraire.

fig. 1.

L E scholie de la 68. proposition de M. Borelli, dont il est ici question, porte „ 1°. Qu'a- „ vec les mêmes inclinaisons de cordes, le poids qui „ y est suspendu, & les forces qui le soutiennent, „ peuvent varier en mille maniéres différentes sans „ que pour cela il cesse de faire équilibre avec elles; „ pourvû que *la puissance* R *soit à la partie* X *de ce poids,* „ comme GC à GF, ou comme AC à CH ; & que „ *la puissance* S *soit à son autre partie* Z, comme IC à „ IK, ou comme BC à CH........ 2° Ce même scholie „ porte réciproquement qu'en retenant les mêmes „ poids; *c'est-à-dire ici, les mêmes forces,* (pourvû que „ celui du milieu soit moindre que les deux extrê- „ mes) on peut changer l'inclinaison de leurs cordes „ sans en rompre l'équilibre.

Il est clair que la premiére partie de ce scholie peut avoir deux sens bien différens. 1°. Elle peut signifier que dans cette variation de poids & de

forces, ou cet Autheur veut que l'équilibre fe con-
ferve fans changer l'inclinaifon de leurs cordes, ce
poids demeure toujours à chacune de ces puiffances
en même raifon que la diagonale CH du parallelogramme MN, à chaque partie de leurs cordes, qui
lui fert de côté; & en cela on va voir que cette confé-
quence eft parfaitement jufte, mais auffi (*Cor.* 12.
de la Prop. fond. des poids fufpendus par des cordes, du
Proiet précéd.) parfaitement conforme au fentiment
que cet Autheur attaque. 2°. Au contraire, fi on lui
fait fignifier que cet équilibre puiffe fubfifter fans un
tel raport; alors on conclud tres-mal, & même autant contre cet Autheur que contre Hérigone,
&c. J'en dis tout autant de la feconde partie de
ce même fcholie; & pour le démontrer, je vais
faire voir que la propofition d'où M. Borelli le
tire, prouve tout le contraire, & que s'il y eût
fait un peu plus d'attention, elle l'auroit infailliblement conduit au fentiment d'où il a crû qu'elle le
devoit éloigner; je veux dire, à croire (du moins
pour tous les cas qu'elle comprend) que *le poids T*
foutenu avec les cordes obliques AC & BC par deux poids,
ou deux puiffances R & S, eft toujours à chacun d'eux, ou
d'elles, comme la partie HC de fa ligne de direction, à chacun
des côtez CN & MC du parallelogramme MN, dont elle
eft diagonale. Voici comment.

Selon cet Autheur (*Prop.* 68) lorfque les puiffances R & S foutiennent enfemble le poids T, la
puiffance R foutient pour fa part une partie X de ce
poids, de même qu'elle feroit, fi elle étoit appliquée
fuivant fa même direction AC avec cette partie X au
levier horizontal CG; & la puiffance S foutient auffi
pour la fienne l'autre partie Z de ce même poids,
de même qu'elle feroit, fi elle étoit auffi appliquée

M iij

fuivant fa même direction CB avec cette partie Z au
levier CI qu'on fuppofe encore horizontal & égal
au premier : & par conféquent fi l'on regarde (*Cor. 2.
Lem. 3. du Projet précéd.*) l'impreffion que la puiffance
S fait fuivant CB fur le nœud C qui retient enfemble
les cordes de ces puiffances & de ce poids, comme
compofée de deux impreffions particuliéres, dont
l'une eft fuivant l'horizontale CO, & l'autre fuivant
la perpendiculaire CH ; on trouvera que ce que cette
puiffance lui en fait fuivant CO, eft égal à la réfiftance que feroit alors contre ce même point, & fuivant cette même ligne, le levier CG pour empêcher
la corde ACX de fe redreffer ; c'eft-à-dire, égal à la
charge de l'apui G de ce même levier. Or (*Cor. 4.
Prop. fond. des leviers du Proj. précéd.*) la puiffance R
eft à la charge de cet apui, comme le côté AC du
parallelogramme AE, à fa diagonale CG ; & la force
de l'impreffion que fait la puiffance S fur ce même
point C fuivant CO, eft (*Cor. 3. Lemm. 3. du Projet
précéd.*) à celle de cette même puiffance fuivant CB,
c'eft-à-dire, à cette puiffance, elle-même, comme
le côté OC du parallelogramme OH, à fa diagonale
BC ; c'eft-à-dire, en faifant IK perpendiculaire fur
BC, comme CK à CI égale (*Hyp.*) à CG : Donc la
puiffance R eft à la puiffance S, comme le produit
de AC par CK, au quarré de CG. Or en faifant GF
perpendiculaire fur AC, les triangles AGC & GFC
étant femblables ; le produit de AC par CF eft égal
au quarré de CG : Donc la puiffance R eft à la puiffance S, comme le produit de AC par CK au produit
de la même AC par CF, c'eft-à-dire, comme CK à
CF ; ou bien, à caufe des rayons IC & CG (*hyp.*)
égaux, comme le finus de KIC égal à BCH, au finus
de FGC égal à ACH : Donc la puiffance R eft à la
puiffance S, comme le finus de l'angle BCH à celui

de l'angle ACH qui , à cause du parallelogramme DES POIDS
MN, eſt égal à CHM : Donc (*Lemm.* 5. *du Projet* ſoutenus avec
précéd.) la puiſſance R eſt à la puiſſance S , comme des cordes ſeu-
HM , ou comme ſon égale NC à CM. lement.

Voilà ce que M. Borelli devoit premiérement
conclure de ſa 68. propoſition , ſinon en général , du moins pour tous les cas qu'elle comprend : Sçavoir que *lorſque deux puiſſances R & S ſou-*
tiennent enſemble quelque poids T avec des cordes ſeulement,
elles ſont toûjours entr'elles en même raiſon que les parties
CN & MC de leurs cordes, qui ſervent de côtez au pa-
rallelogramme MN , qui a pour diagonale une partie CH
de la ligne de direction du poids qu'elles ſoutiennent. De là
en faiſant MP & NQ perpendiculaires ſur HC, ces
lignes marquant toûjours CP égale à HQ , cet Autheur auroit trouvé , comme il a fait (*pag.* 137.)
que *chacune des puiſſances R & S* , étant toûjours (*par*
le Cor. de ſa 69. *Prop.*) à tout ce poids , comme chacun
des côtez CN & MC du parallelogramme MN , à la
ſomme de leurs ſublimitez CP & CQ ; *lui eſt auſſi*
toûjours comme chacun de ces mêmes côtez à la diagonale
CH de ce même parallelogramme. Ce qu'il faloit démontrer.

Quoi que cette conſéquence ſuive néceſſairement de la
68. Propoſition de M. Borelli , cependant parce-que cette
Propoſition ne peut pas s'appliquer aux cas où une de
ces puiſſances ſe trouve avoir ſa direction au deſſous de
l'horizontale qui paſſe par le point où leurs cordes ſe com-
muniquent, elle n'en eſt pas une ſuitte ſi générale que de la
Propoſition fondamentale des poids ſuſpendus par des cordes
du Projet précédent : C'eſt pour cela qu'on ſe contente ici de
dire , que ſi cet Autheur eût fait un peu plus d'attention à
ſa 68. Prop. il auroit aperçû que tout ce que nous venons
d'en conclure , eſt abſolument vrai, du moins pour tous
les cas qu'elle comprend.

Telle eſt la conſéquence que Monſieur Borelli devoit tirer de ſa 68. Propoſition ; s'il l'eût fait, il auroit aperçû 1°. que la premiére partie du ſcholie qu'il en tire, n'eſt vraye qu'en cas que la variation du poids T & des forces R & S, entre leſquels il dit que l'équilibre ſe peut conſerver ſans changer l'in-clinaiſon de leurs cordes, ſoit telle que ce poids de-meure toujours à chacune de ces puiſſances en même raiſon que la diagonale CH du parallelogramme MN, à chaque partie de leurs cordes qui lui ſert de côté. 2°. Il auroit encore vû que la ſeconde partie de ce même ſcholie eſt abſolument fauſſe ; puis qu'il n'eſt pas poſſible de faire le moindre changement auquel que ce ſoit des angles ACB, ACH, & BCH, ſans changer en même-tems le raport qui eſt, ou entre les côtez du parallelogramme MN, ou entre quelqu'un d'eux & ſa diagonale ; c'eſt-à-dire, puis que *(hyp.)* on ne change rien au raport qui eſt entre ce poids & chacune de ces puiſſances, ſans faire ceſſer la reſſemblance de ces deux raports : & par conſé-quent auſſi, ſuivant ce qui vient d'être conclu de la 68. Propoſition de M. Borelli, ſans rompre l'équili-bre de ce poids avec ces puiſſances.

REMARQUE.

Ayant démontré, comme l'on vient de faire, que le ſentiment, dont il eſt ici queſtion, bien loin d'être contraire à la 68. Propoſit. de M. Borelli, comme cet Autheur l'a crû, en eſt une ſuitte ſi né-ceſſaire que, s'il eût fait encore quelques pas, il l'auroit infailliblement trouvé : c'eſt encore une nou-velle raiſon de ne nous point arrêter aux expériences qu'il objecte à Stévin, à Hérigone, & aux autres, & de ne toucher à la critique qu'il a faite de leurs rai-ſonnemens,

fonnemens, que pour indiquer les fauffes fuppofitions fur lefquelles il s'eft appuyé pour y trouver
du paralogifme : Il y en a trois que voici.

1°. Dans la Critique qu'il a faite du premier de
ces raifonnemens, qui paroît être du P. Pardie,
aprés avoir dit que, fi l'on regarde la corde AC comme une verge de fer mobile autour du point fixe A,
à laquelle le poids T foit attaché, ce poids fera foutenu avec cette verge par ce point fixe, de même que
fur un plan CI perpendiculaire à AC ; il fait IL perpendiculaire à l'horizontale LC, & (*pag.* 139.) il
dit : *patet quod pondus T........ ad vim quà idem T inni-*
titur, & comprimit idem planum IC, eft ut IC ad LC.

fig. 2.

2°. Dans la Critique qu'il fait enfuite du raifonnement de Hérigone, de Stévin, &c. aprés
avoir regardé le poids T foutenu par les cordes AC
& BC, comme s'il l'étoit fur les plans CK perpendiculaire à AC, & CG perpendiculaire à CB, inéga-
lement inclinez, il dit (*pag.* 141.) *Tunc pondus T*
dum moveri niteretur per duas rectas inclinatas CK & CG,
cogeretur moveri, aut nifum exercere per diagonalem CO
fecantem angulum GCK bifariam.

fig. 3.

Outre cette fuppofition, M. Borelli fe fert encore ici de la premiére qu'il a déja faite contre le
P. Pardie. Il dit (*pag.* 141.) aprés avoir fait CP
perpendiculaire à l'horizontale KG : *Idem pondus ab-*
folutum T ad vim, quà comprimit planum CO, eandem
rationem habebit quàm CO ad OP.

3°. Enfin ces deux fuppofitions ne lui fuffifant pas
encore pour trouver à redire au raifonnement d'Hé-

N

DES POIDS
foutenus avec
des cordes feu-
lement.

rigone , de Stévin , &c. il y en ajoûte une troifiéme qui ne vaut pas mieux. *Vis*, dit-il au même endroit , *quam patitur planum CO à compreſſione ponderis T*
æqualis eſt viribus ambarum potentiarum R & S , quæ
fuſtinendo idem pondus in tali ſitu plani CO inclinati vicem
ſupplent.

On ne démontre point ici la fauſſeté de toutes ces ſup-
poſitions : elle eſt trop évidente par la propoſition des Surfaces du Projet précédent , pour s'y arrêter davantage.
D'ailleurs c'eſt , ce me ſemble , avoir ſuffiſamment répondu
à M. Borelli que d'avoir démontré , comme l'on vient de
faire , le ſentiment d'Hérigone , de Stévin , &c. par la
Propoſition même que cet Auteur croyoit leur être contraire :
c'eſt auſſi tout ce qu'on s'étoit propoſé dans ce premier Chapitre ; paſſons au ſecond.

CHAPITRE II.

NOUVELLES DEMONSTRATIONS
du sentiment d'Hérigone, de Stévin, &c.

Sur les propriétez des poids suspendus par des cordes.

AVEC QUELQUES PROPOSITIONS
de M. Borelli renduës par la méthode du Projet
précedent beaucoup plus générales qu'elles
ne le peuvent être par la sienne.

AVERTISSEMENT.

LE *Poids T étant soutenu par deux, ou plusieurs puissances R, S, &c. Si des extrémitez G, H, &c. des parties C G, C H, &c. de leurs cordes qui leur soient proportionnelles, on fait G P, H Q. &c. perpendiculaires sur sa ligne de direction C D ; elles y désigneront depuis leurs points de rencontre P, Q, &c. jusqu'au point C ou cette ligne concourt avec ces cordes, certaines parties C P, C Q &c. dont nous parlerons souvent dans la suite ; C'est pourquoy nous leur allons donner des noms.*

fig. 4.
5.

N ij

DEFINITION I.

Lorfque ces parties C P, C Q, &c. fe trouveront au-deffus du point C, nous les appellerons les *fublimitez* des puiffances qui les auront déterminées par leurs proportionnelles.

DEFINITION II.

Et celles de ces lignes qui fe trouveront au-deffous de ce même point C, nous les appellerons les *Profondeurs* de ces mêmes puiffances.

Selon ces définitions C P eft la Sublimité *de la puiffance R dans les fig. 4. & 5. C Q eft encore la* Sublimité *de la puiffance S dans la fig. 4. Mais dans la fig. 5. C Q eft la* Profondeur *de cette même puiffance.*

On avertit encore que lorfqu'on comparera à la fublimité, ou à la profondeur de ces puiffances, des parties de leurs cordes qui leur foient proportionnelles, on ne l'entendra pas indifféremment de toutes les proportionnelles qu'on pouroit leur affigner; mais feulement de celles qui déterminent les fublimitez, ou les profondeurs en queftion.

PROPOSITION I.

fig. 4.
5.
6.
7.

LE *poids T foutenu avec les cordes AC & BC par les puiffances R & S, & en équilibre avec elles, eft toujours à chacune d'elles, comme la partie DC de fa ligne de direction, à chacun des côtez GC & HC du parallelogramme GH, dont elle eft diagonale.*

DEMONSTRATIONS.

1°. Voyez celle qu'on a donnée de cette même propofition dans le Projet précédent.

2°. Voyez ci-après la Remarque qui fuit le Corollaire de la Prop. 3.

3°. Soient conçûs les leviers MC & NC placez chacun en ligne droite avec chacune des directions AC & BC des puiffances R & S. De leurs points d'appui M & N pris à difcretion, foient tirées MF & NK perpendiculairement à ces mêmes lignes réciproquement prifes, & ML avec NO perpendiculaires auffi à la ligne de direction DCE de ce même poids. Enfin de quelqu'un des points D de cette même ligne faite DH & DG paralleles à AC & à CB. Cela fait, il eft clair que le levier CN, étant (*hyp.*) en ligne droite avec la ligne de direction CB de la puiffance S, fupplée néceffairement tout l'effet de cette puiffance ; & que par conféquent la puiffance R pourroit fuivant fa même direction AC foutenir feule le poids T avec ce levier ainfi placé, de même qu'elle le foutient préfentement avec la puiffance S. Pour la même raifon la puiffance S pourroit auffi le foutenir feule avec le levier CM, de même qu'elle le foutient préfentement avec la puiffance R : le poids T eft donc foutenu par le concours d'action des puiffances R & S, de même qu'il le feroit par la feule puiffance R appliquée avec lui au levier NC, ou bien par la feule puiffance S appliquée auffi avec lui au levier CM. Or dans le premier cas la puiffance R feroit (*Prop. fond. des leviers Cor.* 13. **du** *Projet précéd.*) au poids T, comme NO à NK ; c'eft-à-dire, comme le finus de l'angle NCO, ou de

fig. 4.
5.

N iij

DCH , à celui de l'angle NCK , ou de CHD. Et
dans le fecond cas le poids T , pour la même raifon,
feroit à la puiffance S, comme MF à ML ; c'eft-à-dire
encore, comme le finus de l'angle MCF , ou de CHD,
à celui de l'angle MCL , ou de HDC : Donc la puiffance R , le poids T , & la puiffance S, font entr'eux,
comme les finus des angles DCH , CHD , & HDC;
c'eft-à-dire , (*Lemm.* 5. *du Projet préced.*) comme les
lignes DH , CD , & CH : Le poids T eft donc à la
puiffance R , comme CD à DH, ou à CG ; & à la
puiffance S , comme la même CD à CH. Ce qu'il faloit
démontrer.

*fig. 6.
7.*

4°. Si au lieu des puiffances R & S, les cordes AC
& BC étoient attachées aux extrémitez de quelque levier AB , dont l'appui D fut dans la ligne direction de
DCE du poids T. Il eft clair qu'en quelque fituation que ce levier fe trouvât alors , (*Lemm.* 1. *du
Projet préced.*) il y demeureroit , & que la charge de
fon point d'appui feroit alors égale au poids T. Il
eft encore clair que les extrémitez A & B de ce même levier feroient auffi tirées fuivant AC & BC,
chacune avec une force égale à celle de la puiffance
R , ou S qu'elle fupplée. Or les forces avec lefquelles
les points A & B de ce levier feroient ainfi tirez fuivant AC & BC , feroient entr'elles , (*Cor.* 13. *prov.
fond. des leviers du Projet préced.*) comme DF & DK
tirées du point D perpendiculairement fur BC &
AC ; c'eft-à-dire, en faifant le parallelogramme GH,
comme les finus des angles DCH & CDH , ou
(*Lemm.* 5. *du Projet préced.*) comme les côtez DH &
HC de ce parallelogramme. Ces mêmes forces feroient auffi (*Cor.* 4. *Prop. fond. des leviers du Projet
préced.*) chacune à la charge du point d'appui D de
ce levier , c'eft-à-dire , au poids T , comme chacun

ces de mêmes côtez à la diagonale DC : les forces
des puissances R & S , c'est-à-dire , ces mêmes puissances , elles-mêmes , sont donc entr'elles , comme
DH, ou GC & HC ; & au poids T , comme chacun
de ces mêmes côtez du parallelogramme GH , à sa
diagonale DC. Ce qu'il faloit démontrer.

*On pourroit encore démontrer cette même Proposition en
se servant des plans inclinez, pourvû qu'on en prit un qui
fut perpendiculaire à la direction de quelqu'une des deux
puissances qui soutiennent ce poids : Car cette puissance &
la charge de ce plan alors égales , n'ayant qu'un même
rapport avec ce poids , non plus qu'avec l'autre puissance
qu'on considére en ce cas comme le soutenant seule sur ce plan ;
on trouveroit par le Cor. 7. de la Prop. des Surfaces du
Projet précédent , que ce poids est toujours à chacune de ces
puissances , comme le sinus de l'angle que leurs cordes font
entr'elles , à chacun des sinus des angles que font avec la
ligne de direction de ce poids chacune de ces cordes réciproquement prises. Tout cela est présentement trop clair pour
s'y arrêter davantage.*

COROLLAIRE I.

On peut conclure généralement de ces démonstrations , ce que nous n'avons conclu (*chap.* 1.) de la
68. Proposition de M. Borelli, que pour les cas qu'elle
comprend : Sçavoir qu'il n'y en a aucun de possible ,
ou l'on puisse conserver l'équilibre du poids T avec
les puissances R & S , en changeant le rapport qu'elles
ont entr'elles , ou avec lui ; à moins qu'on ne change
en même-tems l'inclinaison de leurs cordes : non plus
qu'en changeant l'inclinaison de ces cordes , sans
changer aussi le rapport de ces mêmes puissances ,
ou entr'elles , ou avec ce poids : parce que sans cela
il n'est pas possible de faire que chacun des côtez CH

fig. 4.
5.
6.
7.

& CG du parallelogramme GH, continuë d'être à fa diagonale DC, comme chacune des puiſſances R & S au poids T ; ce qui doit cependant être, comme on le vient de voir, pour qu'elles faſſent équilibre avec lui.

On peut comparer ce Corollaire aux Scholies des Propoſitions 68. & 69. M. Borelli.

COROLLAIRE II.

fig. 4.
5.

Il ſuit encore de ces démonſtrations que chacune des puiſſances R & S eſt au poids T, comme chacune des parties GC & HC de leurs cordes, qui leurs ſont proportionelles, à la ſomme (*fig.* 4.) de leurs ſublimitez, ou à la différence (*fig.* 5.) qui eſt entre la ſublimité de l'une & la profondeur de l'autre : parce que dans le parallelogramme GH les angles GCD & CDH étant égaux, auſſi-bien que les lignes GC & DH ; de plus les angles qui ſe font en P & en Q, étant auſſi (*avert.*) égaux, les triangles GPC & HQD ſont non ſeulement ſemblables, mais encore leurs côtez CP & DQ ſont égaux : Donc (*fig.* 4.) CP plus CQ eſt égal à DQ plus CQ, & (*fig.* 5.) CP moins CQ ſera auſſi égal à DQ moins CQ. Or (*fig.* 4.) DQ plus CQ eſt égal à CD, de même (*fig.* 5.) que DQ moins CQ : Donc (*fig.* 4.) CP plus CQ eſt égal à CD, auſſi-bien (*fig.* 5.) que CP moins CQ. Or ſelon les démonſtrations précédentes chacune des puiſſances R & S eſt au poids T, comme chacune de leurs proportionelles CG & HC à CD : Donc chacune de ces mêmes puiſſances eſt à ce poids, comme chacune de ces mêmes proportionelles à CP (*fig.* 4.) plus CQ, ou (*fig.* 5.) à CP moins CQ ; c'eſt-à-dire, (*Def.* 1. & 2.) à la ſomme (*fig.* 4.) de leurs ſublimitez, ou bien (*fig.* 5.) à la différence qui eſt entre la ſublimité de l'une & la profondeur de l'autre.

COROLLAIRE

COROLLAIRE III.

D'où l'on voit que la fomme des deux puiffances qui foutiennent un poids avec des cordes , eft toujours à ce poids , comme la fomme des longueurs de leurs cordes , qui leur font proportionelles , à la fomme de leurs fublimitez , ou à la différence qui eft entre de la fublimité de l'une & la profondeur de l'autre.

On peut comparer encore ces deux derniers Corollaires à la 69. Prop. de M. Borelli, & au Corollaire qu'il en tire.

PROPOSITION II.

DE quelque maniére qu'un poids *T* foit foutenu avec des cordes par quelque nombre de puiffances *A*, *B*, *D*, *E*, *F*, &c. que ce foit, appliquées à un même nœud *C* ; fi l'on prend fur leurs cordes autant de parties *CG*, *CR*, *CM*, *CN*, *CP*, &c. qui leur foient proportionelles , & que fous deux de ces parties, par exemple, fous *GC* & *RC*, l'on faffe un parallelogramme *RG* , dont la diagonale *CH* faffe encore avec une autre de ces parties *CM* le parallelogramme *HM*, dont la diagonale *CL* faffe encore avec une autre de ces parties *CN* le parallelogramme *LN*, dont la diagonale *CQ* faffe encore avec une autre de ces parties *CP* le parallelogramme *PQ* , & ainfi jufqu'à la derniére de ces proportionelles. On verra 1°. Que la diagonale du dernier de ces parallelogrammes , qui eft ici *CK* , fera dans la ligne de direction du poids *T*. 2°. Et que chacune de ces puiffances fera à ce poids , comme chacune de ces proportionelles , felon qu'elles leur répoudent , eft à cette même diagonale.

fig. 2.

DEMONSTRATION.

1°. Puifque (*hyp.*) la puiffance A eft à la puif-

O

fance B , comme CG à CR , il réfultera (*Lemm.* 3. *du
Projet précéd.*) de leur concours d'action fur le point
C , une impreffion compofée fuivant CH , d'une force
qui fera (*Cor.* 3. *du même Lemm.*) à chacune de ces
puiffances , comme CH à chacune des lignes CG &
CR qui les répréfentent : l'impreffion , que font enfemble ces deux puiffances fur le point C , eft donc
la même que celle que feroit feule fur ce même point
quelque nouvelle puiffance qui , lui étant appliquée
fuivant CH , au lieu d'elles , leur feroit à chacune ,
comme CH à chacune des lignes CG & CR : & par
conféquent les 3. puiffances A , B , D , doivent faire
enfemble la même impreffion fur le point C que cette
nouvelle puiffance (je l'appelle H) feroit alors avec
la puiffance D. Or (*Lemm* 3. *du Projet précéd.*) l'impreffion qui réfulteroit alors du concours d'action
des puiffances D & H fur le point C , fe feroit fuivant CL , d'une force qui feroit (*Cor.* 3. *du même
Lemm.*) à celle de la puiffance D , comme CL à CM :
Donc l'impreffion compofée qui réfulte du concours
d'action des 3. puiffances A , B , D , fur le point C ,
fe fait en effet fuivant CL , d'une force qui eft à
celle de la puiffance D , comme CL à CM : elles ne
font donc toutes trois enfemble fur ce point que la
même impreffion que feroit feule quelqu'autre puiffance (je l'appelle L) qui appliquée fuivant CL , au
lieu de ces trois , feroit à la puiffance D , comme CL
à CM : & par conféquent les 4. puiffances A , B , D , E ,
ne doivent faire fur le point C que la même impreffion que feroit alors la puiffance L avec la puiffance
E. Or (*Lemm.* 3. *du Projet précéd.*) l'impreffion qui
réfulteroit alors du concours d'action de ces deux
dernières puiffances fur le point C , fe feroit fuivant
CQ , d'une force qui feroit (*Cor.* 3. *du même Lemm.*)
à celle de la puiffance E , comme CQ à CN ; Donc

l'impreſſion compoſée qui réſulte du concours d'action des 4. puiſſances A, B, D, E, ſur le point C,
ſe fait en effet ſuivant la ligne CQ, d'une force qui
eſt à celle de la puiſſance E, comme CQ à CN. On
prouvera de même que l'impreſſion compoſée qui
réſulte du concours d'action des 5. puiſſances A, B,
D, E, F, ſe fait auſſi ſuivant CK, d'une force qui
eſt à la puiſſance F, comme CK à CP. Et ainſi toujours de même juſqu'à la derniére des puiſſances
appliquées à ce poids : D'où il ſuit que l'impreſſion
compoſée qui réſulte du concours d'action de toutes
ces puiſſances ſur le point C, en quelque nombre
qu'elles ſoient, ſe fait toujours ſuivant la diagonale
du dernier des parallelogrammes faits comme l'on
vient de dire, c'eſt-à-dire ici, ſuivant CK : & par
conſéquent (*n. 2. Demonſt. Prop. fond. des poids ſoutenus
par des cordes du Projet précéd.*) cette diagonale eſt
toujours en ligne droite avec CT, c'eſt-à-dire, dans
la ligne de direction du poids T. Ce qu'il faloit démontrer.

2°. On vient de voir que le poids T eſt ſoutenu
par les puiſſances A, B, D, E, F, &c. De même qu'il
le ſeroit, par exemple ici, par la puiſſance F aidée
d'une autre appliquée ſuivant CQ, à qui elle ſeroit
comme CP à CQ (les directions de toutes demeurant toujours les mêmes) : Donc (*prop. 1.*) la puiſſance F eſt au poids T, comme CP à CK. Or (*hyp.*)
la puiſſance F eſt à chacune des puiſſances E, D, B, A,
&c. comme CP à chacune des parties de leurs cordes,
CN, CM, CR, CG, &c. Donc chacune de ces
puiſſances eſt au poids T, comme chacune de ces
proportionelles, ſelon qu'elles leurs répondent, eſt à la
diagonale CK. Ce qu'on vient dire de la puiſſance
F, ſe prouvera de même de toute autre dont la pro-

portionelle feroit un des côtez du parallelogramme qu'on vient de démontrer avoir toujours fa diago. nale, comme ici CK, dans la ligne de direction du poids T : Ainfi en général de quelque maniére qu'un poids foit foutenu avec des cordes par quelque nom- bre de puiffances que ce foit, appliquées à un même nœud, chacune de ces puiffances eft toujours à ce poids, comme chacune de leurs proportionelles qui fervent de côtez aux parallelogrammes dont il eft ici queftion, eft à la diagonale du dernier, qu'on vient de voir fe trouver toujours dans fa ligne de direction. Ce qu'il faloit démontrer.

COROLLAIRE.

D'où l'on voit que toutes ces puiffances prifes enfemble font toujours au poids T qu'elles foutien- nent, comme la fomme de leurs proportionelles CG, CR, CM, CN, CP, &c. à la diagonale du paralle- logramme qu'on vient de démontrer (*n. 1.*) fe trou- ver toujours dans la ligne de direction de ce poids: De forte que, lorfque toutes ces puiffances font éga- les entr'elles, ces mêmes proportionelles l'étant auffi, la fomme de toutes ces puiffances eft à ce poids, com- me une de ces proportionelles à une partie de cette diagonale divifée en autant d'égales qu'il y a de telles puiffances ; c'eft-à-dire ici, comme laquelle que ce foit, des lignes CG, CR, CM, CN, CP, à ¼ de CK.

Pour exprimer le raport que nous venons de trouver entre ce poids & les puiffances qui le foutiennent, d'une maniére qui en rende le calcul plus facile, foit le Lemme fuivant.

LEMME.

DE quelque maniére que la ligne droite CP paſſe par une des pointes C du parallelogramme IE , ſi des trois autres pointes G , I , E , on tire ſur la même CP les trois perpendiculaires GL , IP , VE ; ſa partie CL compriſe entre le point C , & la perpendiculaire GL qui part de la pointe G qui lui eſt oppoſée, eſt toujours égale à la ſomme de ſes deux autres parties CP & CV compriſes entre ce même point C & les perpendiculaires IP & EV , lors que ces deux perpendiculaires tombent du même côté de C ; ou à la différence de ces deux parties , lors que ces deux perpendiculaires tombent de différens côtez.

fg. 9.
10.
11.
12.
13.
14.
15.
16.

DEMONSTRATION.

Joignez IE & GC qui ſe coupent par la moitié l'une & l'autre en K, & après avoir fait QK perpendiculaire à CP , concevez un plan qui paſſe par QK, à qui CP ſoit perpendiculaire , & ſur lequel des points I & E , tombent auſſi perpendiculairement IM , & EN ; Enfin joignez QM & QN. Cela fait, ſoit que QK , QM , & QN , ſe confondent en une ſeule ligne , ſoit qu'elles en faſſent trois différentes, il eſt clair que puis que les lignes IM, PQ, NE, & VQ, ſont toutes (*Hyp.*) perpendiculaires à ce plan, elles ſont auſſi toutes paralleles entr'elles ; & par conſéquent 1°. IM & PQ ſont dans un même plan avec PI & QM : Ainſi les angles en M, Q, & P, étant (*hyp*) droits , MP ſera un parallelogramme. On prouvera de même que VN eſt auſſi un parallelogramme : Donc IM eſt égale à PQ, & EN égale à VQ. 2°. De ce que IM & EN ſont paralleles en-

O iij

tr'elles, il fuit auffi que les angles MIK & NEK
font égaux ; & par conféquent, fi l'on joint KM &
KN, les angles en M & en N étant (*hyp.*) égaux,
auffi-bien que les lignes IK & KE, les triangles IMK
& ENK feront non feulement femblables, mais encore IM fera égale à EN. Or on vient de voir (*n. 1.*)
que IM eft égale à PQ, & EN égale à VQ:
Donc PQ eft égale à VQ : Donc (*fig.* 9. 11. 12. 13.
& 14.) CP plus CV, ou (*fig.* 10. 14. 15. & 16.)
CP moins CV, eft égal à deux fois CQ. Or à caufe
que les triangles CGL, & CKQ font femblables, &
que CG eft double de CK ; CL fera auffi double de
CQ : Donc (*fig.* 9. 11. 12. 13. & 14.) CP plus CV,
ou (*fig.* 10. 14. 16. & 16.) CP moins CV, eft égale
à CL. Ce qu'il faloit démontrer.

PROPOSITION III.

fig. 8.
17.

Toutes chofes étant les mèmes que dans la propofition
précédente, on trouvera préfentement que chacune des
puiffances *A*, *B*, *D*, *E*, *F*, &c. eft au poids *T* qu'elles
foutiennent, comme chacune de leurs proportionelles CG, CR,
CM, CN, CP, &c. à la fomme de leurs fublimitez moins
celle de leurs profondeurs.

DEMONSTRATION.

fig. 8.

De toutes les pointes des parallelogrammes GR,
HM, LN, QP, &c. tirez Gg, Hh, Rr, Ll, Mm, Qq,
Nn, Pp, &c. perpendiculairement fur la ligne de direction du poids T, prolongée indéfiniment de part
& d'autre. Cela fait, vous trouverez par le Lemme
précédent. 1°. $Ch = Cg - Cr$. 2°. $Cl = Cm -$
Ch : Donc $Cl = Cm - Cg + Cr$. 3°. $Cq =$

$Cl + Cn$: Donc $Cq = Cm - Cg + Cr + Cr$. 4°. $Ck = Cq - Cp$: Donc $Ck = Cm - Cg + Cr + Cn - Cp$. Enfin continuant toujours ainfi jufqu'à la diagonale qui fe trouve toujours (*Prop.* 2.) dans la ligne de direction du poids T , on trouvera de même que cette diagonale eft toujours égale à $Cm - Cg + Cr + Cn - Cp \pm$ &c. Or on vient de voir (*Prop.* 2.) que chacune des puiffances A , B , D , E , F , &c. eft auffi toujours au poids T qu'elles foutiennent , comme chacune de leurs proportio- nelles CG , CR , CM , CN , CP , &c. à cette même diagonale : Donc chacune de ces puiffances eft à ce poids , comme chacune de ces proportionelles à $Cm + Cr + Cn - Cg - Cp \pm$ &c. C'eft-à-dire , (*Def.* 1. & 2.) à la fomme de leurs fublimitez Cm , Cr , Cn , &c. moins la fomme de leurs profondeurs Cg , Cp , &c. D'où l'on voit en général , que de quelque maniére qu'un poids foit foutenu avec des cordes par quelque nombre de puiffances que ce foit , appli- quées à un même nœud , chacune de ces puiffances eft toujours à ce poids , comme chacune de leurs pro- portionelles , à la fomme de leurs fublimitez moins celle de leurs profondeurs. Ce qu'il faloit démon- trer.

AUTRE DEMONSTRATION.

Soient encore les lignes CG , CR , CM , CN , CP , &c. proportionelles aux puiffances A , B , D , E , F , &c. concevez par le point C , où elles fe communi- quent , un plan horizontal OH , c'eft-à-dire , per- pendiculaire à la ligne de direction du poids T ; tirez enfuite des extrémitez de ces proportionelles G , R , M , N , P , &c. autant de perpendiculaires fur le plan OH , & fur la ligne de direction du poids T indéfiniment prolongée de part & d'autre : en faifant

fig. 17.

depuis C fur le plan OH autant de lignes CH, CQ,
CL, CO, CK, &c. qui joignent ce point avec les
perpendiculaires qui tombent fur ce plan, on aura
autant de parallelogrammes rectangles Hg, Qr, Lm,
On, Kp, &c. qui exprimeront (*Lemm* 3. *Cor.* 2. *du
Projet précédent*) que chacune de ces puiffances, par
exemple la puiffance A, fait la même impreffion fur le
point C, que feroient deux autres puiffances appliquées
à ce point, l'une fuivant CH, & l'autre fuivant Cg, à
chacune defquelles celle-ci feroit comme CG à chacune de ces mêmes lignes : Le point C eft donc tiré
vers bas fuivant la ligne de direction du poids T par
la puiffance A, d'une force (*Cor*. 3. *du même Lemm*)
à qui cette puiffance eft comme CG à Cg. Pour la
même raifon, il eft encore tiré fuivant la ligne de direction de même poids, 1°. Vers bas, par la puiffance
F, d'une force à qui elle eft comme CP à Cp ; &c.
2°. Vers haut, par la puiffance B, d'une force à qui
elle eft comme CR à Cr ; par la puiffance D, d'une
force à qui elle eft comme CM à Cm ; par la puiffance
E, d'une force à qui elle eft, comme CN à Cn ; &c.
Or (*hyp.*) la puiffance A eft à chacune des puiffances
B, D, E, F, &c. comme fa proportionelle CG à chacune des leurs CR, CM, CN, CP, &c. Donc la
puiffance A eft à chacune des forces avec lefquelles
le point C eft tiré fuivant la ligne de direction du
poids T, 1°. Vers bas par les puiffances A, F,
&c. comme CG à chacune de leurs profondeurs
Cg, Cp, &c. 2°. Vers haut par les puiffances
B, D, E, &c. comme la même CG à chacune de
leurs fublimitez Cr, Cm, Cn, &c. Donc cette
même puiffance A eft à la fomme de toutes les forces
avec lefquelles le point C eft tiré fuivant la ligne de
direction du poids T, 1°. Vers bas par les puiffances
A, F, &c. comme fa proportionelle CG à la fomme
de

de leurs profondeurs Cg , Cp , &c. 2°. Vers haut
par les puissances B , D , E , &c. comme la même CG
à la somme de leurs sublimitez Cr , Cm , Cn , &c.
Or la somme faite de la pesanteur de ce poids , &
des forces avec lesquelles le point C est tiré vers
bas suivant la ligne de direction de ce même poids
par les puissances A , F , &c. étant diamétralement
opposée à la somme de celles avec lesquelles ce même
point est tiré en même-tems vers haut suivant cette
même ligne par les puissances B , D , E , &c. & aucune de ces deux sommes de forces ne l'emportant
sur l'autre ; puisque (*hyp.*) le poids T ne monte n'y
descend : c'est une conséquence nécessaire qu'elles
soient égales : Donc la puissance A est non seulement
à la somme des forces avec lesquelles le point C est
tiré vers bas , suivant la ligne de direction du poids
T par les puissances A , F , &c. comme sa proportionelle CG à la somme de leurs profondeurs Cg ,
Cp , &c. Mais aussi à la somme faite de cette premiére & de la pesanteur de ce même poids , comme
la même CG à la somme des sublimitez Cr , Cm ,
Cn , &c. des puissances B , D , E , &c. Donc la puissance A est à cette derniére somme moins la premiére ; c'est-à-dire , à la pesanteur seule du poids
T , ou à ce poids lui-même , comme sa proportionelle CG à la somme des sublimitez Cr , Cm , Cn ,
&c. moins la somme des profondeurs Cg , Cp , &c.
Or (*Hyp.*) chacune des puissances B , D , E , F ,
&c. est à la puissance A , comme chacune de leurs
proportionelles CR , CM , CN , CP , &c. à sa proportionelle CG : Donc chacune des puissances A ,
B , D , E , F , &c. est au poids T qu'elles soutiennent , comme chacune de leurs proportionelles à la
somme de leurs sublimitez moins celle de leurs profondeurs. Ce qu'il faloit démontrer.

P

DES POIDS soutenus avec des cordes seulement.

COROLLAIRE.

On voit présentement en général que la somme de toutes les puissances qui soutiennent un poids avec des cordes qui se tiennent par un même nœud, en quelque nombre qu'elles soient, quelque proportion qu'elles ayent entr'elles, & de quelque maniére qu'elles lui soient appliquées; est toujours à ce poids, comme la somme des parties de leurs cordes qui leurs sont (*Chap. 2. Avert.*) proportionelles, à la somme de leurs sublimitez moins celle de leurs profondeurs.

On peut comparer tout ceci avec les Propositions 70. 73. 74. de M. Borelli, & on verra non seulement qu'elles sont tres-limitées; mais encore qu'avec sa méthode on ne peut pas aller si loin.

REMARQUE.

En faisant la seconde des deux démonstrations précédentes, il m'en est encore venu une de la premiére Proposition: la voici.

fig. 18. 19. *Le poids T étant donc soutenu avec des cordes par deux puissances R & S; des angles G & H du parallelogramme GH, dont la diagonale CD fait partie de la ligne de direction de ce poids, soient faites GM & HN paralleles à cette diagonale, & perpendiculaires à MCN; achevez les parallelogrammes MP & NQ. Cela fait, vous trouverez encore de la maniére que nous avons fait la seconde des deux démonstrations précédentes, que le poids T est aux puissances R & S, comme la partie CD de sa ligne de direction aux parties CG & CH de leurs cordes, qui sont les côtez du parallelogramme GH, dont elle est diagonale.*

Car (*Cor. 2. Lem. 3. du Projet précéd.*) la puiſſance R fait ſur le point C la même impreſſion que feroient deux autres puiſſances appliquées à ce point, l'une ſuivant CP, & l'autre ſuivant CM , à chacune deſquelles celle-ci ſeroit , comme CG à chacune de ces lignes : Le point C réçoit donc en même-tems deux impreſſions différentes de la puiſſance R , l'une ſuivant CP, d'une force qui eſt à celle de cette puiſſance , (*Cor. 3. du même Lemm.*) comme CP à CG , & l'autre ſuivant CM , d'une force qui eſt auſſi (*par le même Cor.*) à celle de cette même puiſſance, comme CM à CG. Pour la même raiſon ce même point C réçoit encore en même-tems deux impreſſions différentes de la puiſſance S , l'une ſuivant CQ , d'une force qui eſt à celle de cette puiſſance, comme CQ à CH ; & l'autre ſuivant CN , d'une force qui eſt auſſi à celle de cette même puiſſance, comme CN à CH. Or 1°. La force de l'impreſſion que réçoit le point C de la puiſſance R ſuivant CM , eſt égale à celle qu'il réçoit en même-tems de la puiſſance S ſuivant CN ; puis qu'elles ſont diamétralement oppoſées , & qu'aucune des deux (*hyp.*) ne ſurmonte l'autre : La force de la puiſſance R eſt donc à celle de l'impreſſion que réçoit le point C de la puiſſance S ſuivant CN , comme CG à CM. Or CM eſt égale à CN ; puis que les triangles GPD & HQC ſemblables , & GD égale à CH rendent GP égale à HQ ; & que les parallelogrammes MP & NQ rendent auſſi GP égale à CM, & HQ égale à CN: Donc la puiſſance R eſt à la force de l'impreſſion que le point C réçoit de la puiſſance S ſuivant CN , comme CG à CN. Or on vient de voir que la force de cette même impreſſion eſt à la puiſſance S , comme CN à CH: Donc la puiſſance R eſt à la puiſſance S , comme CG à CH. 2°. On vient de voir auſſi que la puiſſan-

ce S est à la force de l'impreffion qu'elle fait fur le
point C fuivant CQ , comme CH à CQ : Donc la
puiffance R est auffi à la force de cette même impreffion , comme CG à CQ ; c'eft-à-dire, comme
CG à DP ; puis que les triangles GPD & HQC
femblables , & GD égale à CH , rendent DP égale
à CQ. On vient de voir encore que cette même
puiffance R eft à la force de l'impreffion qu'elle fait
fur ce même point C fuivant CP , comme CG à CP :
Donc la puiffance R eft à la fomme , où à la différence des forces de ces deux impreffions faites fur
le point C fuivant CP & CQ , par elle & par la puiffance S , comme CG à la fomme , où à la différence
de ces deux lignes. Or (fig. 18.) la fomme de ces
deux lignes , où (fig. 19.) leur différence , eft égale
à la diagonale CD du parallelogramme GH ; &
(fig. 18.) la fomme , où (fig. 19.) la différence des
forces de ces deux impreffions , eft auffi égale au
poids T : Donc la puiffance R eft au poids T , comme CG à CD : On vient de démontrer (n. 1.) que
cette même puiffance R eft auffi à la puiffance S , comme CG à CH : Donc les puiffances R & S , & le
poids T font entr'eux , comme les lignes CG , CH ,
& CD : & par conféquent ce poids eft à chacune
d'elles, comme la partie CD de fa ligne de direction
à chacune des parties de leurs cordes , qui font les
côtez du parallelogramme GH , dont elle eft diagonale. Ce qu'il faloit démontrer.

On voit de-là , que fi par le point C où fe communiquent les deux cordes qui foutiennent quelque poids que ce foit , on fait MN perpendiculaire à
la ligne de direction de ce poids , & qu'après avoir pris
de part & d'autre fur cette ligne CM & C N égales entr'elles , on faffe aux points M & N les perpendiculaires

MG & NH qui rencontrent auxpoints G & H les cordes des puiſſances qui ſoutiennent ce poids : elles en détermineront des parties CG , CH, qui ſeront toujours proportionelles à ces mêmes puiſſances.

Si M. Borelli eut fait réfléxion que les puiſſances R & S n'agiſſent pas ſeulement contre le poids T , mais auſſi l'une contre l'autre ; & que de même qu'elles concourent enſemble pour empêcher que ce poids n'attire à lui (fig. 18.) le nœud C , de même auſſi chacune d'elles concourt avec lui pour empêcher que l'autre ne l'emporte. Si , di-je , il avoit fait cette réfléxion, il auroit vû ſans doute que chacune de ces puiſſances fait impreſſion ſur ce nœud , non ſeulement ſuivant la direction du poids qu'elles ſoutiennent , pour le tenir toujours à même hauteur ; mais auſſi ſuivant l'horizontale MCN , pour empêcher qu'aucune d'elles ne l'attire n'y à droit , n'y à gauche : D'où il auroit infailliblement conclu que ces impreſſions horizontales , étant diamétralement oppoſées , doivent toujours être égales. De-là voyant qu'elles augmentent , où diminuent néceſſairement à meſure que les angles que font les cordes de ces puiſſances avec la ligne de direction du poids qu'elles ſoutiennent , s'aprochent , où s'éloignent de l'angle droit , il auroit enfin aperçû l'impoſſibilité de faire , ſinon aucun, du moins un tel changement à leurs directions ſans en rompre l'équilibre.

Je dis ſinon aucun changement , parce qu'il a été démontré (Cor. 1. Prop. 1.) qu'il n'eſt pas poſſible d'y en faire aucun ſans rompre l'équilibre qui eſt (hyp.) entre ces puiſſances , & le poids qu'elles ſoutiennent. Nous l'avons même conclu (Chap. 1.) de la 68. Prop. d'où cet Autheur tire un ſcholie tout contraire par un raiſonnement dont le défaut eſt préſentement aiſé à découvrir ; Voyez-le.

Sur ce qu'on vient de dire de l'uſage des impreſſions hori-

zontales que font ſur le nœud C (fig. 18. & 19.) les puiſſances R & S , il eſt aiſé de juger de celui des impreſſions ſemblables que font auſſi ſur le nœud C de leurs cordes ſuivant
le plan OH (fig. 17.) les puiſſances A , B , D , E , F ,
& C. auſſi ne s'y arrêtera-t-on pas davantage.

PROPOSITION IV.

DE quelque maniére qu'un poids ſoit ſoutenu avec des
cordes par quelque nombre de puiſſances que ce ſoit,
appliquées à tant de nœuds qu'on voudra ; chacune d'elles eſt
toujours à ce poids en raiſon compoſée d'autant d'autres raiſons
qu'il y a de nœuds entre cette puiſſance & ce poids : Sçavoir
par chaque nœud , de la raiſon qui eſt entre la proportionelle
à la force dont ce nœud eſt tiré ſuivant la corde qui lui donne
communication avec cette puiſſance , & la ſomme des ſublimitez moins celle des profondeurs de toutes les forces dont
les branches dans leſquelles ce même nœud ſe diviſe , ſont
tirées chacune ſuivant ſa direction contre la réſiſtance qui leur
vient par la corde de communication de lui à ce poids.

DEMONSTRATION.

fig. 20.

Soit le poids T dont la corde C p ſe diviſe en tant
de branches CZ , CX , CY , Cφ , &c. qu'on voudra , dont celles qu'on voudra , ſe diviſent encore
en pluſieurs branches , & celles qu'on voudra encore
de celles-ci en pluſieurs autres de la maniére qu'on
voit ici ; & toujours de même juſqu'auſſi loin qu'on
voudra. Commencez au premier nœud C à marquer
ſur les branches CZ , XC , YC , Cφ , &c. des parties
CM , CN , CP , Cθ , &c. qui ſoient entr'elles comme les forces avec leſquelles ces cordes ſont tirées
chacune ſuivant ſa direction. Faites-en autant ſur

les branches dans lefquelles celles-ci fe fubdivifent ;
& toujours de même jufqu'aux dernières aufquelles
les puiffances A , E , D , B , F , G , H , I , K , φ , &c.
font appliquées. Cela fait , après avoir marqué des
extrémitez de toutes ces proportionelles (*Avertiff.*
Chap. 2.) les fublimitez & les profondeurs de toutes
ces forces , on trouvera que chacune de ces puiffances , par exemple , la puiffance D eft toujours à
ce poids en raifon compofée d'autant d'autres raifons telles que cette propofition porte , qu'il y a de
nœuds entre cette puiffance & lui : Car 1°. La puiffance D étant (*hyp.*) à la puiffance E , comme O S
à O V , elle eft auffi (*Prop.* 3.) à la force dont le
nœud O leur réfifte fuivant O Z , comme O S à la
fomme de leurs fublimitez O ʃ & O *u*. 2°. Cette
même force étant auffi (*hyp.*) aux puiffances A & B ,
comme Z R à Z L & Z Q , elle eft de même (*Prop.*
3.) à la réfiftance que leur fait le nœud Z fuivant
Z C , comme Z R à la fomme des fublimitez Z *r* &
Z *q* moins la profondeur Z *l*. 3°. Enfin la valeur
de cette réfiftance étant encore (*hyp.*) aux forces
dont le nœud C eft tiré fuivant C X , C Y , C φ. &c.
comme C M à C N , C P , C θ , &c. elle eft auffi
(*Prop.* 3.) au poids T , comme C M à la fomme des
fublimitez C *m* , C *n* , &c. moins celle des profondeurs
C λ , C *p* , &c. Donc en multipliant par ordre ces
trois rangées de proportionelles , la puiffance D fe
trouvera au poids T , comme le produit fait des
trois antécédens O S , Z R , & C M , au produit fait
de leur trois conféquens O ʃ + O *u* , Z *r* + Z *q* —
Z *l* , & C *m* + C *n* — C *p* — C λ. C'eft-à-dire , en
raifon compofée des trois raifons de O S à O ʃ +
O *u* , de Z R à Z *r* + Z *q* — Z *l* , & de C M à C *m* +
C *n* — C *p* — C λ , qu'on voit telles que cette propofition porte. Or il n'y a en effet que trois nœuds

O, Z, & C, entre cette puiffance & ce poids : Donc la puiffance D eft au poids T en raifon compofée d'autant d'autres raifons telles que cette propofition porte, qu'il y a de nœuds entre cette puiffance & ce poids. On prouvera de même que la puiffance A eft à ce poids en raifon compofée de Z L à Z r + Z q — Z l, & de C M à C m + C n — C p — C λ. On trouvera encore de même que la puiffance F eft à ce même poids en raifon compofée de X β à X b + X f, & de C N à C m + C n — C p — C λ; & ainfi de toutes les autres puiffances, en quelque nombre qu'elles foient, de quelque maniére, & à quelque nombre de nœuds qu'elles foient appli-quées. D'où l'on voit en général, que de quelque maniére qu'un poids foit foutenu avec des cordes par quelque nombre de puiffances que ce foit, ap-pliquées à tant de nœuds qu'on voudra, chacune d'elles eft toujours à ce poids en raifon compofée d'autant d'autres telles que cette propofition porte, qu'il y a de nœuds entre cette puiffance & ce poids. Ce qu'il faloit démontrer.

COROLLAIRE I.

On voit qu'en prenant Z R égale à O f + O u, avec Z L & Z Q à Z R en même proportion qu'elles font ici ; de plus C M égale à Z q + Z r — Z l; avec C N, C P, C θ, &c. auffi à C M en même proportion qu'elles font ici ; la puiffance D fera au poids T, comme O S à C m + C n — C λ — C p + &c. c'eft-à-dire, comme fa proportionelle à la fomme des fublimitez moins celle des profondeurs des for-ces avec lefquelles les branches du premier nœud C font tirées chacune fuivant fa direction. Il en faut penfer autant de toutes les autres puiffances appli-quées au poids T, foit de prés, foit de loin.

On peut

On peut comparer cette propofition avec ce Corollaire à la propofition 78. de M. Borelli.

COROLLAIRE II.

Lors qu'un poids attaché à une corde qui a plufieurs nœuds par chacun defquels , entre toutes
les branches qui en naiffent, il n'y en a qu'une qui
fe fubdivife en d'autres branches : lors dî-je que le
poids T attaché à une telle corde, eft foutenu par
plufieurs puiffances Y , X , S , R , V , Z , &c. tellement appliquées aux derniéres de ces branches que
tous les nœuds F , E , C , &c. d'où elles naiffent, fe
trouvent dans la ligne de direction de ce poids ;
chacune de ces puiffances, en quelque nombre qu'elles foient , eft toujours à ce poids , comme la proportionelle de cette même puiffance à la fomme des
fublimitez moins celle des profondeurs de tout ce
qu'il y en a d'appliquées à ce même poids : car fi l'on
prend fur les branches de chaque nœud des parties
O F , E I , C B , C A , E H , F K , F N , E M , &c.
proportionelles aux forces avec lefquelles chacune
d'elles eft tirée fuivant fa direction , & que des extrémitez de ces mêmes parties on marque (*avert.
Chap.* 2.) leurs fublimitez avec leurs profondeurs ;
on trouvera 1°. que les proportionelles F N , E M ,
&c. qui fe trouvent dans la ligne de direction de ce
poids, font égales aux fublimitez F N , F M , &c. des
forces avec lefquelles elles font tirées fuivant leur
direction , c'eft-à-dire , fuivant cette même ligne.
2°. On trouvera encore que chacune de ces mêmes
proportionelles , par exemple F N eft auffi toujours
égale à la fomme des fublimitez moins celle des profondeurs des forces, ou des puiffances appliquées au

fig. 21.
22.

Q

nœud E qui eſt immédiatement au-deſſus du nœud
F depuis lequel cette proportionelle a été priſe :
puis que (*hyp*) cette même proportionelle , & (*Prop.*
3.) cette même ſomme ſont à la proportionelle E I
de la puiſſance X , comme la force dont le nœud E
eſt tiré ſuivant la corde E F, eſt à cette même puiſſance. Pour la même raiſon E M eſt égale à la ſomme
des ſublimitez moins celle des profondeurs des forces
où des puiſſances appliquées au nœud C qui eſt immédiatement au-deſſus de E ; & ainſi des autres
proportionelles qui ſe trouvent dans la ligne de direction du poids T. De-là on verra que chacune des
ſublimitez FN, EM, &c. des forces qui ſuivent la direction de ce poids , eſt toujours égale à la ſomme des ſublimitez moins celle des profondeurs des forces , ou
des puiſſances appliquées au nœud qui eſt immédiatement au-deſſus de celui depuis lequel elle ſe prend :
D'où il ſuit que la ſublimité FN qui ſe prend depuis
le plus bas de tous ces nœuds , eſt égale à la ſomme
des ſublimitez moins celle des profondeurs de toutes
les puiſſances X , V , S , R , &c. appliquées à tous
les autres nœuds E , C , &c. Or on vient de voir
dans le Corollaire précédent que chacune de toutes
les puiſſances qui ſoutiennent le poids T , par exemple S , ou Y , eſt à ce poids , comme ſa proportionelle C B , ou O F à la ſomme des ſublimitez moins
celle des profondeurs des forces avec leſquelles
toutes les branches du plus bas nœud F ſont tirées
chacune ſuivant ſa direction contre le poids T ;
c'eſt-à-dire , à la ſomme faite de la ſublimité F N ,
& de la ſomme des ſublimitez moins les profondeurs
des puiſſances Y , Z , &c. immédiatement appliquées
au nœud F : Donc chacune des puiſſances Y , X , S ,
R , V , Z , &c. eſt en ce cas au poids T , comme ſa

proportionelle à la fomme des fublimitez , moins celle des profondeurs de tout ce qu'il y en a d'appliquées à ce même poids.

COROLLAIRE III.

D'où l'on voit que la fomme de toutes ces puiffances eft à ce poids , comme la fomme de leurs proportionelles à la fomme de leurs fublimitez moins celle de leurs profondeurs : De forte que s'il n'y en avoit que deux d'appliquées à chaque nœud dont l'une tirât à droit & l'autre à gauche , & que toutes celles de chaque côté fuffent égales entr'elles, & avec des directions paralleles entr'elles ; la fomme (*fig.* 21.) des fublimitez , par exemple F o , + F k , où E i + E h , où C b + C a , &c. des deux puiffances appliquées au quel que ce foit des nœuds F , E , C , &c. ou bien la différence (*fig.* 22.) de la fublimité de l'une à la profondeur de l'autre , par exemple F k , — F o , ou E h — E i , au C a — C b , &c. étant alors la même pour tous ces nœuds , auffi-bien que les proportionelles de ces puiffances ; la fomme de ces mêmes puiffances feroit alors au poids T , comme la fomme des proportionelles de deux d'entr'elles appliquées à un même nœud, quel qu'il foit, eft à la fomme (*fig.* 21.) des fublimitez de ces deux puiffances, où (*fig.* 22.) à la différence qui eft entre la fublimité de l'une , & la profondeur del 'autre.

COROLLAIRE IV.

Ce qui fait enfin voir que fi toutes les puiffances Y , X , S , R , V , Z , &c. étoient égales entr'elles , & que toutes leurs directions fiffent avec celle de ce poids des angles égaux auffi entr'eux , leur fomme feroit alors à ce même poids , (*fig.* 21.) comme une de leurs proportionelles à une de leurs fublimitez, l'une & l'autre choifie à difcretion ; c'eft-à-dire, comme le finus total au finus du complement de celui qu'on voudra de ces mêmes angles.

On peut encore comparer ces trois Corollaires à la Propo-fition 71. de M. Borelli & au Corollaire qu'il en tire.

COROLLAIRE V.

fig. 23.
24.

On voit encore de cette propofition que dans l'hy-pothéfe ou les lignes de direction de tous les points du corps A D concourent au centre E de la terre, de quelque maniére que ce poids foit foutenu par tant de puiffances F, G, H, I, K, L, M, N, &c. qu'on voudra avec des cordes qui lui foient appli-quées en tant de points A, B, C, D, &c. qu'on vou-dra ; chacune de ces puiffances fera toujours à ce poids, comme chacune de leurs proportionelles à la fomme des fublimitez des forces avec lefquelles ces points A, B, C, D, &c. font tirez fuivant les lignes A E, B E, C E, D E, &c. par le concours d'action des puiffances qui y font appliquées : des fublimitez, dî-je, déterminées comme dans le Corollaire 1. Car il eft clair que ce poids agit contre toutes ces puiffan-ces de même que feroit une force qui lui feroit égale, fi A E, B E, C E, D E, &c. étoient autant de cor-des attachées enfemble au point E par un nœud commun auquel cette force fut appliquée fuivant la direction Z E du centre de gravité de ce poids. Or en ce cas les points A, B, C, D, &c. étant comme autant de nœuds aufquels font appliquées, chacune fuivant fa direction, les puiffances F, G, H, I, K, L, M, N, &c. fi l'on prend depuis E fur chacune des lignes A E, B E, C E, D E, &c. une partie E g, E f, E e, E b, &c. égale à la fomme des fublimitez

moins celle des profondeurs des puiſſances appliquées à chacun des points A, B, C, D, &c. On
trouvera (*Cor* 1.) que chacune de toutes ces puiſſances F, G, H, I, K, L, M, N, &c. ſeroit alors à
la force qu'on ſuppoſe en E, comme chacune de leurs
proportionelles D O, C P, B Q, D X, A R, C V, B T,
A S, &c. à la ſomme des ſublimitez, E *l*, E *e*, E *d*,
E *a*, &c. des forces dont les nœuds A, B, C, D, &c.
ſeroient alors tirez, chacun ſuivant la ligne qui le
joint avec le point E : Donc chacune de ces mêmes
puiſſances eſt en effet au poids A D, comme chacune
de leurs proportionelles à la ſomme de telles ſublimitez des forces avec leſquelles les points A, B, C, D,
&c. ſont tirez ſuivant les lignes A E, B E, C E, D E,
&c. par le concours d'action de celles qui y ſont appliquées.

*Si les forces, avec leſquelles les différens points **A**, **B**, **C**,*
*D, &c. du corps **A D**, ſont tirez ſuivant des lignes qui con-*
courent au centre E de la terre, par le concours d'action des
puiſſances qui y ſont appliquées, avoient quelque profondeur,
on trouveroit de même que chacune de toutes les puiſſances qui
ſoutiennent ce poids, lui ſeroit en même raiſon que chacune de
leurs proportionnelles à la ſomme de telles ſublimitez moins
celle des profondeurs de ces mêmes forces : mais ce cas étant
naturellement impoſſible ; puiſqu'il faudroit pour cela que ce
poids comprît pour le moins plus du quart de la circonférence
de la terre, on n'a pas crû qu'il fût néceſſaire de l'exprimer.

COROLLAIRE VI.

On voit préſentement que dans l'hypotheſe ordinaire, où l'on regarde les directions A E, B E, C E,
D E, &c. comme paralleles entr'elles, chacune des
ſublimitez E *l*, E *e*, E *d*, E *a*, &c. déterminées ſur

Z E par chacune des proportionelles E g, E f, E e, E b, &c. qu'on vient de prendre égales à la somme des sublimitez moins celle des profondeurs des puissances appliquées à chacun des points A, B, C, D, &c. étant alors égales à ces mêmes proportionelles; chacune de ce qu'il y a de puissances ainsi appliquées à ce poids, sçavoir F, G, H, I, K, L, M, N, &c. est toujours en ce cas à ce même poids, comme chacune de leurs proportionelles à la somme de toutes leurs sublimitez moins celle de toutes leurs profondeurs.

COROLLAIRE VII.

D'où il suit que dans la même hypothése la somme de toutes ces puissances est à ce poids, comme la somme de leurs proportionelles à la somme de leurs sublimitez moins celle de leurs profondeurs : De sorte que s'il n'y en avoit que deux d'appliquées à chaque point, dont l'une tirât à droit, & l'autre à gauche; & que toutes celles de chaque côté fussent égales entr'elles, & avec des directions qui fissent avec celle du point où elles sont appliquées, des angles de chaque côté égaux entr'eux : la somme ($fig.$ 23.) des sublimitez, par exemple A r + A f, ou B q + B t, ou C p + C u, ou D o + D x, &c. des deux puissances appliquées au quel que ce soit des nœuds A, B, C, D, &c. ou bien ($fig.$ 24.) la différence de la sublimité de l'une à la profondeur de l'autre, par exemple A r — A f, ou B q — B t, ou C p — C u, ou D o — D x, &c. étant alors la même pour tous ces points, aussi-bien que les proportionelles de ces puissances; la somme de toutes ces puissances seroit alors au poids A D, comme la somme des proportionelles de deux d'entr'elles appliquées à un même point, quel qu'il soit, est à la somme ($fig.$ 23.) de leurs

fublimitez, ou (*fig.* 24.) à la différence qui eſt entre
la fublimité de l'une & la profondeur de l'autre.

COROLLAIRE VIII.

Ce qui fait enfin voir que fi toutes les puiſſances
F, G, H, I, K, L, M, N, &c. étoient égales entr'elles, & que toutes leurs directions fiſſent avec
celles des points où elles font appliquées, des angles
égaux entr'eux ; leur ſomme ſeroit alors au poids
CD (*fig.* 23.) comme une de leurs proportionelles
à une de leurs fublimitez, de quelque maniére qu'on
les prenne ; c'eſt-à-dire, comme le ſinus total au ſinus
du complement de celui qu'on voudra de ces mêmes
angles.

On peut enfin comparer ces quatre derniers corollaires à
la Propoſition 72. de M. Borelli, & au corollaire qu'il
en tire.

Tels font les principes généraux de tout ce que cet Au-
theur a dit des poids ſuſpendus par des cordes, & de l'uſage
qu'il en a fait pour exprimer la force des muſcles ; c'eſt ce
qu'on s'étoit propoſé d'établir dans ce Chapitre par la mé-
thode du Projet précédent : qu'on voye préſentement ſi la
ſienne peut aller juſques-là, & ſi elle peut conduire à la So-
lution du Problême ſuivant.

PROBLEME.

Dix puiſſances φ, A, E, D, B, F, G, H, I, K,
appliquées à pluſieurs nœuds de cordes, étant données
avec les angles que toutes ces cordes font entr'elles ; trouver

fig. 20.

la valeur du poids T que toutes ces puiffances ainfi appli-
quées foutiennent enfemble.

SOLUTION.

Soit la valeur de chaque puiffance, & de chaque angle donné dans la Table fuivante.

Puiffance.	Livres.		Angle.	Deg.	M.
φ	5.		θ C T	45.	30.
A	4.	$\frac{1}{4}$	M C T	150.	20.
E	7.	$\frac{1}{4}$	L Z C	58.	30.
D	12.	$\frac{1}{2}$	R Z C	112.	15.
B	14.		V O Z	151.	
F	11.	$\frac{1}{2}$	S O Z	110.	
G	17.		Q Z C	143.	
H	7.	$\frac{1}{2}$	N C T	145.	
I	16.		β X C	131.	30.
K	13.	$\frac{1}{2}$	♭ X C	123.	30.
			P C T	64.	40.
			♪ Y C	62.	
			ζ Y C	107.	20.
			e Y C	151.	40.

Cela

Cela fuppofé, fur les branches des cordes aufquelles les puiffances φ, A, E, D, B, F, G, H, I, K,
font immédiatement appliquées, foient prifes depuis
leurs nœuds des parties θC, LZ, VO, SO, QZ, βX,
*h*X, δY, *z*Y, *e*Y, qui foient entr'elles, comme les
forces de ces mêmes puiffances, c'eft-à-dire, comme
les chifres qui leur répondent dans la Table précédente.

Préfentement fi l'on regarde chacune de ces proportionelles comme un finus total, le finus de la différence d'un angle droit à l'angle d'application de la
puiffance qui répond à cette proportionelle, fera la
fublimité, ou la profondeur de cette même puiffance :
par exemple, fi l'on prend la proportionelle Cθ
de la puiffance φ, pour un finus total, fa profondeur
Cλ fera le finus de l'angle Cθλ, qui eft la différence de θCλ angle d'application de cette puiffance, à
un angle droit. De même en prenant la proportionelle VO de la puiffance E, pour un finus total, fa
fublimité O*u* fera le finus de l'angle OV*u*, qui eft la
différence d'un angle droit à fon angle d'application
VOZ ; de cette façon nous aurons les fublimitez & les profondeurs de toutes ces puiffances par les
analogies fuivantes.

R

Comme	au				Ainsi		à		
Le sinus total	Sinus	de l'angle	de Deg. M. différence de 90. deg. à l'angle d'application	de la puissance	La proportionelle de cette même puissance	de	Sa sublimité, ou à sa profondeur		de
	7009093.	Cθλ	44. 30.	φ	Cθ	5.	Cλ	3.	$\frac{20\,13091.}{2000000.}$
	5224986.	ZLl	31. 30.	A	ZL	4. $\frac{1}{4}$	Zl	2.	$\frac{44\,1218\,1.}{10000000.}$
	8746197.	OVu	61.	E	OV.	7. $\frac{1}{4}$	Ou	6.	$\frac{1363971.}{4000000.}$
	3420202.	OSſ	20.	D	OS	12. $\frac{1}{2}$	Oſ	4.	$\frac{110101.}{400000.}$
10000000.	7986355.	ZQq	53.	B	ZQ	14.	Zq	11.	$\frac{180897.}{1000000.}$
	6626201.	Xβf	41. 30.	F	Xβ	11. $\frac{1}{2}$	Xf	7.	$\frac{6419043.}{20000000.}$
	5519370.	Xbb	33. 30.	G	Xb	17.	Xb	9.	$\frac{382929.}{1000000.}$
	4694716.	Y♪d	28.	H	Y♪	7. $\frac{1}{2}$	Yd	3.	$\frac{321037.}{1000000.}$
	2979303.	Yᴣx	17. 20.	I	Yᴣ	16.	Yx	4.	$\frac{479103.}{625000.}$
	8802014.	Yeg	61. 40.	K	Ye	13. $\frac{1}{2}$	Yg	11.	$\frac{8827189.}{10000000.}$

Aprés avoir ainſi trouvé la valeur de chacune des ſublimitez & des profondeurs de toutes les puiſſances qui ſoutiennent le poids T ; ſoit priſe ZR égale à Ou plus Oſ ; c'eſt-à-dire, ſuivant les analogies précédentes, égale à 6. $\frac{1363971.}{4000000.}$ plus 4. $\frac{110101.}{400000.}$; ou bien en réduiſant ces deux fractions à une même dénomination, égale à 10. $\frac{246498\,11}{40000000}$. Aprés cela OV étant à ZR, comme la puiffance E à la force dont le point Z eft tiré fuivant ZO par le concours d'action des puif-fances D & E ; ZR fera la proportionelle de cette force, & l'angle RZC étant (*hyp.*) de 112. deg. 15. min. fa différence à un angle droit ; c'eft-à-dire, l'angle ZRr fera de 22. deg. 15. min. Ce qui don-nera par une analogie femblable aux précédentes, 3. $\frac{17426528591659}{20000000000\,000}$ pour la valeur de Zr fublimité de cette force : puifque ZR de 10. $\frac{246498\,3}{40000000}$. eft à 3. $\frac{17426528591659}{20\,00000000000}$. comme le finus total 10000000. à 3786486. finus de l'angle ZRr de 22. deg. 15. min.

Soit enfuitte 1°. CM égale à Zq plus Zr moins Zl ; c'eft-à-dire, fuivant les analogies que nous ve-nons de trouver, égale à 11. $\frac{180897}{1000000}$ plus 3. $\frac{1742628591659}{20000000\,00000}$. moins 2. $\frac{442381}{20000000}$; ou bien en réduifant ces trois frac-tions à une même dénomination, égale à 12. $\frac{16632087591659}{20000000000000}$. Ce qui donnera par une analogie femblable aux pré-cédentes, 11. $\frac{74566714326651229141}{50000000000000000000}$ pour la valeur de la fublimité Cm : puis que 12. $\frac{16632087591659}{20000000000000}$. eft à 11. $\frac{74566724126651229141}{5000000000000000000000}$, comme le finus total 10000000. à 8689196. finus de l'angle CMm de 60. deg. 20. min. qui eft la différence d'un angle droit à l'angle MCT de (*hyp.*) 150. deg. 20. min.

2°. Faite de même CN égale à Xb plus Xf ; c'eft-à-dire, fuivant les analogies de la table précédente, égale à 9. $\frac{18797}{1000000}$ plus 7. $\frac{642043}{1000000}$; ou bien en réduifant ces deux fractions à une même dénomination, égale à 16. $\frac{1409762}{2000000}$. Ce qui donnera par une analogie fem-blable aux précédentes, 13. $\frac{13676769484583}{10000000000000}$ pour la va-leur de la fublimité Cn : puis que 16. $\frac{1409762}{2000000}$. eft à 13. $\frac{13676769484583}{10000000000000}$, comme le finus total 10000000. à

8191521. finus de l'angle CNn de 55. deg. qui eft la différence d'un angle droit à l'angle NCT de (*hyp.*) 145. deg.

3°. Enfin foit encore CP égale à Yg plus Yx moins Yd ; c'eft-à-dire, fuivant les analogies de la table précédente, égale à 11. $\frac{8827182}{10000000}$. plus 4. $\frac{479301}{615000}$. moins 3. $\frac{521037}{1000000}$. ; ou bien en réduifant ces trois fractions à une même dénomination, égale à 12. $\frac{13214168}{283000000}$. Ce qui donnera par une analogie encore femblable aux précédentes, 5. $\frac{686441223302177}{1410000000000000}$. pour la valeur de la profondeur Cp : puis que 12. $\frac{23214168}{283000000}$. eft à 5. $\frac{686441223302177}{1410000000000000}$. , comme le finus total 10000000. à 4278838. finus de l'angle CPp de 25. deg. 20. min. qui eft la différence d'un angle droit à l'angle PCT de (*hyp.*) 64. deg. 40. min.

De tout cela on voit prefentement que

$$\text{la}\begin{cases} \text{Subl.} & Cm \\ \text{Subl.} & Cn \\ \text{Prof.} & C\lambda \\ \text{Prof.} & Cp \end{cases} \text{eft égale à} \begin{cases} 11. \frac{74566272432665199141}{500000000000000000000}. \\ 13. \frac{1167676924854583}{20000000000000}. \\ 3. \frac{1013095}{2000000}. \\ 5. \frac{686441223302177}{1410000000000000}. \end{cases}$$

De forte qu'en réduifant toutes ces fractions à une même dénomination, on aura $Cm + Cn - C\lambda - Cp = 15.$ $\frac{5029081693413745017888}{79500000000000000000000}$. Or ayant pris, comme nous venons de faire, 1°. $CR = Of + Ou.$ 2°. $CM = Zq + Zr - Zl.$ 3°. $CN = Xf + Xb.$ 4°. $CP = Yg + Yx - Yd$; chacune des puiffances qui foutiennent ainfi le poids T ; par exemple, la puiffance E eft (*Prop.* 4. *Cor.* 1.) à ce poids, comme fa proportionnelle OV de (*hyp.*) $7\frac{1}{4}$ à $Cm + Cn -$

C λ — C *p* : Donc cette même puiſſance E eſt à ce poids, comme 7. $\frac{1}{4}$ à 15. $\frac{19190816914117410178881.}{70,00000000100000000000.}$; & par conſéquent la valeur de cette puiſſance étant (*hyp.*) de 7. $\frac{1}{4}$ liv. ce même poids eſt auſſi juſtement de 15. $\frac{19190816914117410178881.}{70500000000001000000000.}$ liv. c'eſt-à-dire, de 15. livres, & un peu plus de cinq ſeptiémes de livre. Ce qu'il faloit trouver.

FIN.

AU RELIEUR.

LES neuf planches au pied deſquelles on voit Projet, doivent être reliées ſelon l'ordre de leurs chifres immédiatement à la fin de la Méchanique ; en ſorte que le quart du papier où il n'y a rien, ſoit enfermé dans le livre, & que l'autre quart où ſont les figures, puiſſe, en les dépliant, en ſortir tout entier, pour ſervir à tous les endroits de cette Méchanique où l'on en aura beſoin. Pour les quatre autres planches, au pied deſquelles on voit Examen, elles doivent auſſi être reliées de la même manière à la fin de l'Examen que voicy de M. Borelli.

A PARIS,
De l'Imprimerie de la Veuve Clement Gaſſe, 1687.

EXTRAIT DU PRIVILEGE
du Roy.

PAR Lettres Patentes du Roy, données à Ver-
failles 19. jour de Juin 1 6 8 7. fignées par le Roy
en fon Confeil, G A L L O Y S & fcellées. Il eft permis
à J E A N B O U D O T Libraire à Paris, d'imprimer un
livre intitulé *Projet d'une nouvelle Méchanique, avec un
Examen de l'Opinion de M. Borelli, fur les propriétez des
Poids fuspendus par des Cordes, par M.* V ******* en
tel volume, marge, & caractére, en autant de volumes,
& tout autant de fois que bon luy femblera, pendant
le tems de huit années confécutives, à commencer
du jour qu'il aura été achevé d'imprimer pour la
première fois. Et défenfes font faites à toutes fortes
de perfonnes d'imprimer ledit livre, d'en vendre n'y
diftribuër d'autre impreffion que de celle dudit
B O U D O T, ou de ceux qui auront fon droit, à peine
de mil livres d'amende, & de tous dépens, dom-
mages & intérêts, & de confifcation des Exemplaires
contrefaits, ainfi qu'il eft porté plus au long dans ledit
Privilége.

Regiftré fur le Livre de la Communauté des Li-
braires & Imprimeurs de Paris, le 30. Juillet 1687.
Signé, C O I G N A R D, Syndic.

Achevé d'imprimer pour la première fois le 30. Aouft 1687.

FAVTES A CORRIGER.

Pag. 4. lig. 20. AH *lifez* AK
 pag. 9. *ligne* 14. Lemme 3., *lifez* Lemme 3.
pag. 14. *ligne* 11. poid *lifez* poids
pag. 17. *ligne* 4. elle fe *lifez* elle le
pag. 23. *à la marge vis-à-vis du problême marquez* fig. 19;
pag. 29. *ligne* 22. AH *lifez* AD
pag. 35. *à la marge* fig. 26. *lifez* fig. 26.

        27.
pag. 38. *ligne* 25. à EF; *lifez* HEF; & *ligne* 26. *effacez* ou EHF;
pag. 48. *ligne* 31. points *lifez* point
pag. 74. *ligne* 1. puiffnces, *lifez* puiffances,
pag. 99. *ligne* 14. & pag. 100. *lignes* 5. 16. & 17. propotionnelles *lifez* proportionelles
pag. 103. *ligne* 1. ces de *lifez* de ces
pag. 104. *ligne* 6. 69. M. *lifez* 69. de M.
pag. 105. *ligne* 17. répoudeat, *lifez* répondent;

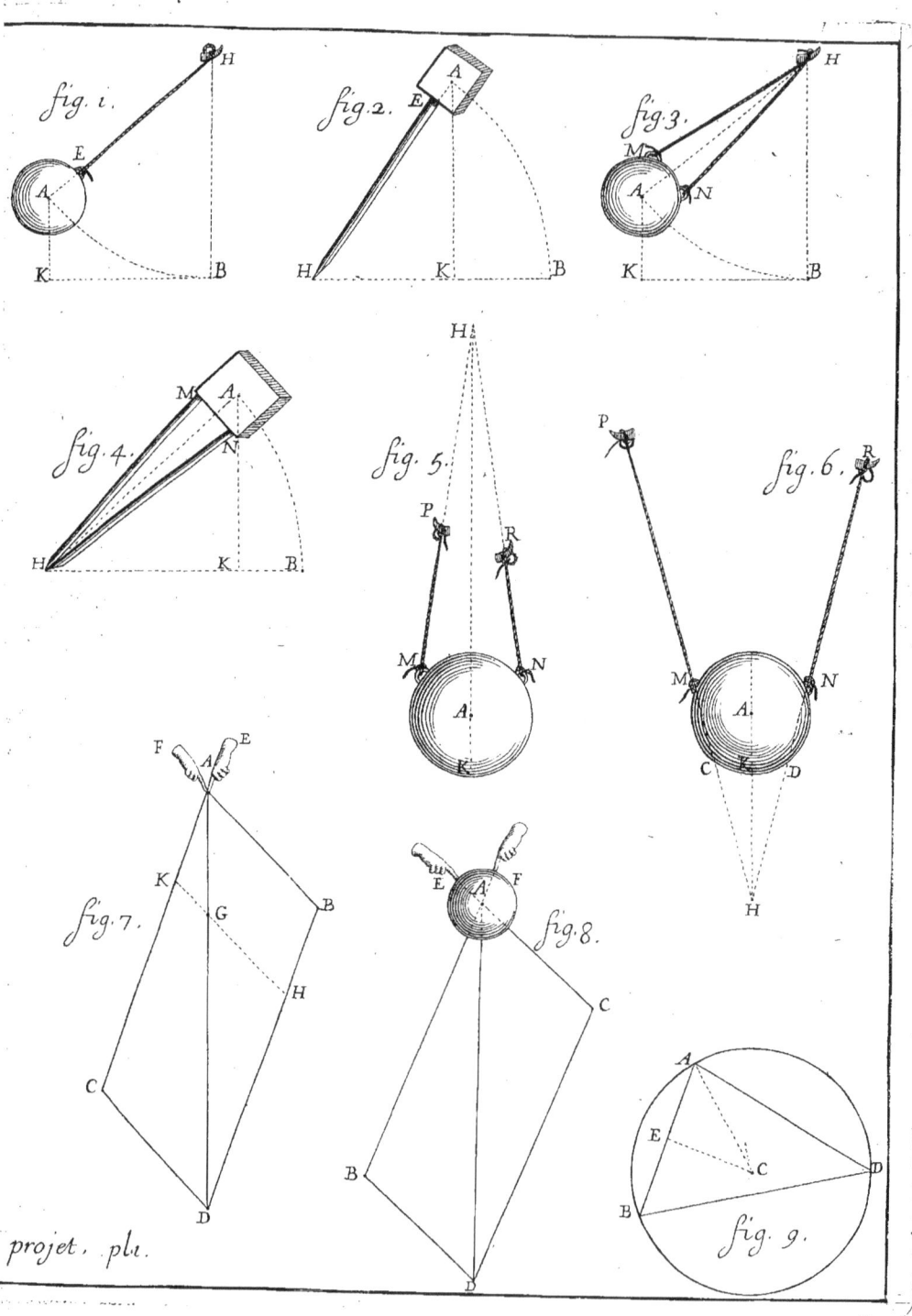

fig. 1.

fig. 2.

fig. 3.

fig. 4.

fig. 5.

fig. 6.

fig. 7.

fig. 8.

fig. 9.

projet. pl. 1.

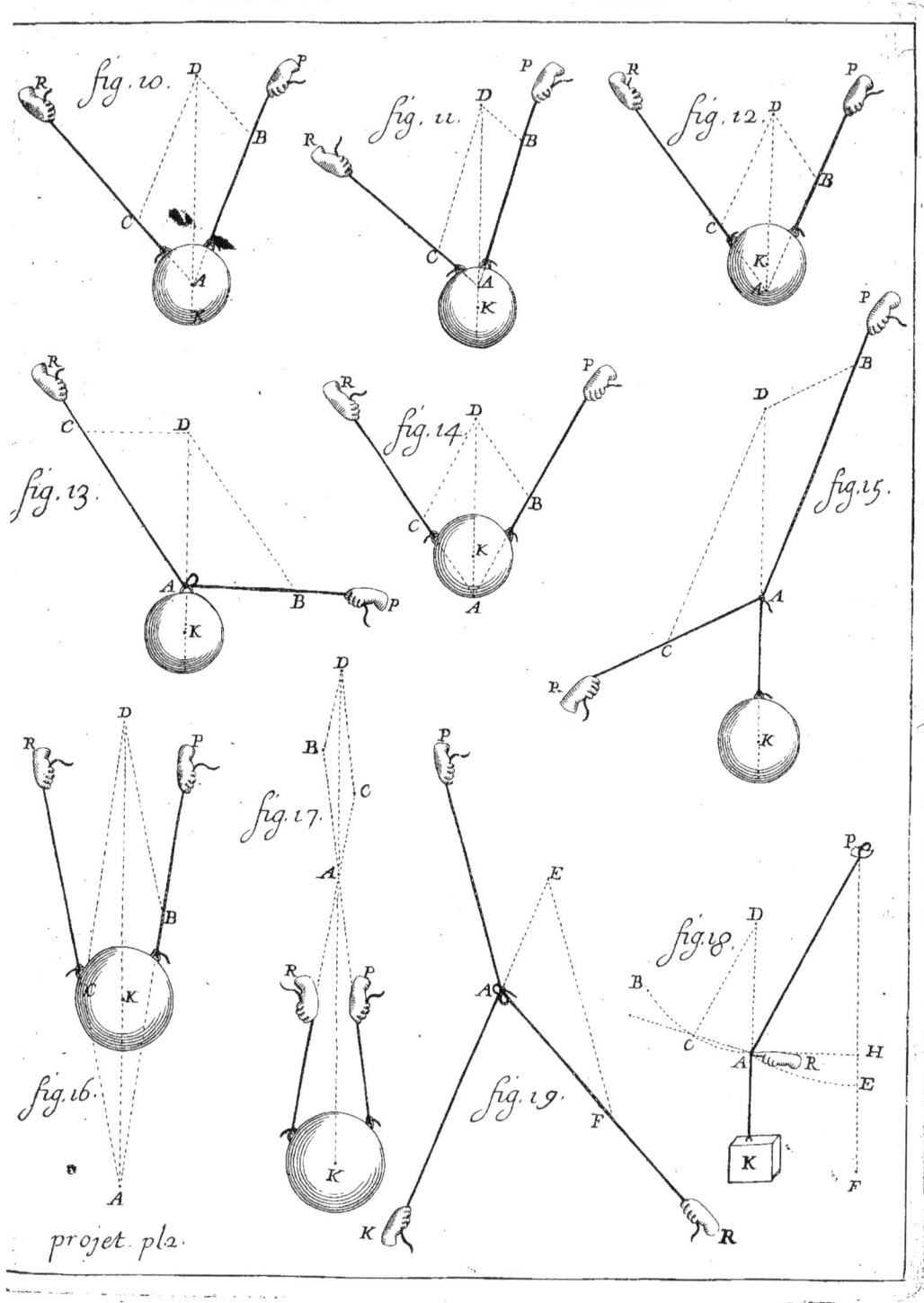

fig. 10.

fig. 11.

fig. 12.

fig. 13.

fig. 14.

fig. 15.

fig. 16.

fig. 17.

fig. 19.

fig. 18.

projet. pl.2.

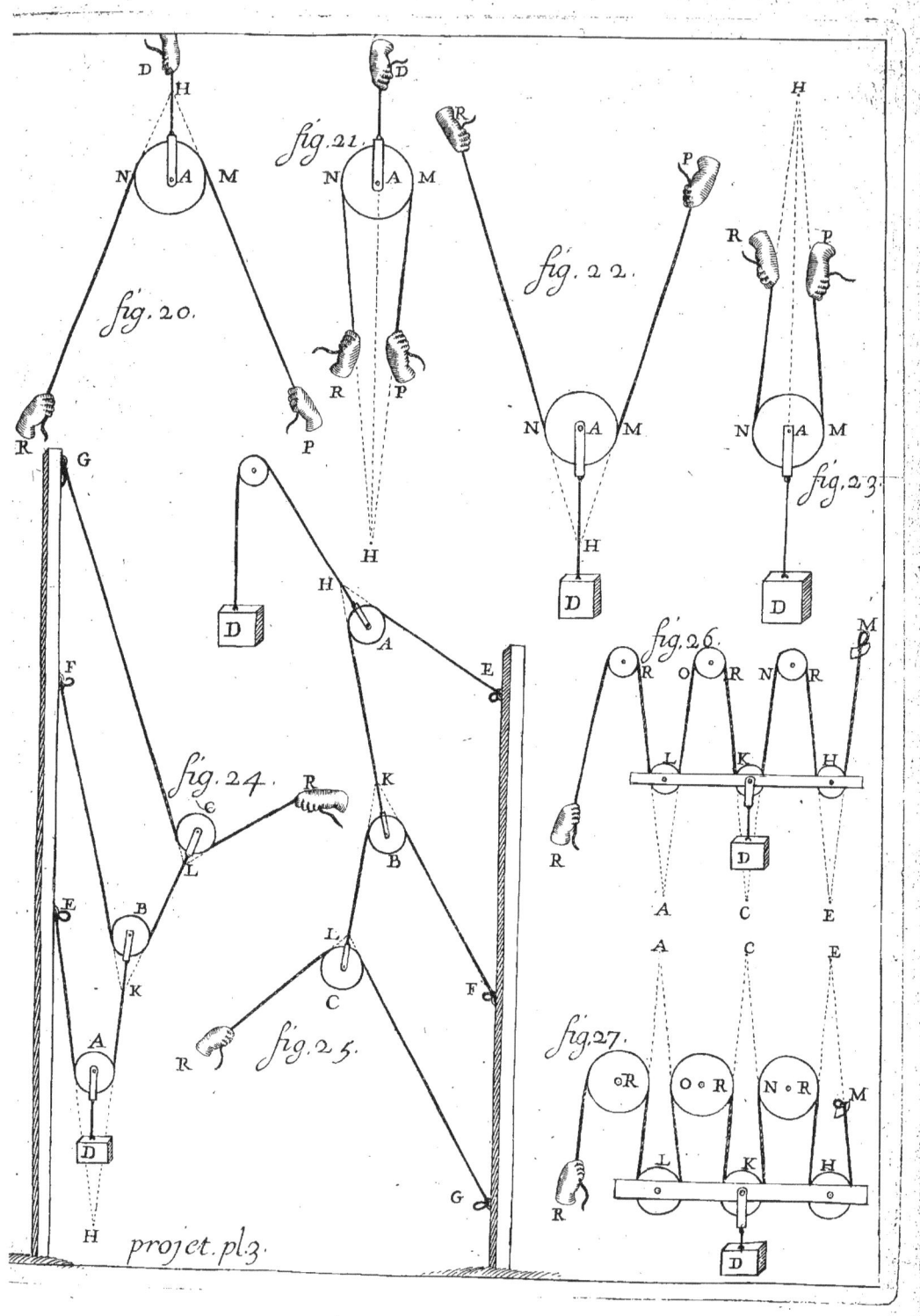

fig. 20.

fig. 21.

fig. 22.

fig. 23.

fig. 24.

fig. 25.

fig. 26.

fig. 27.

projet. pl. 3.

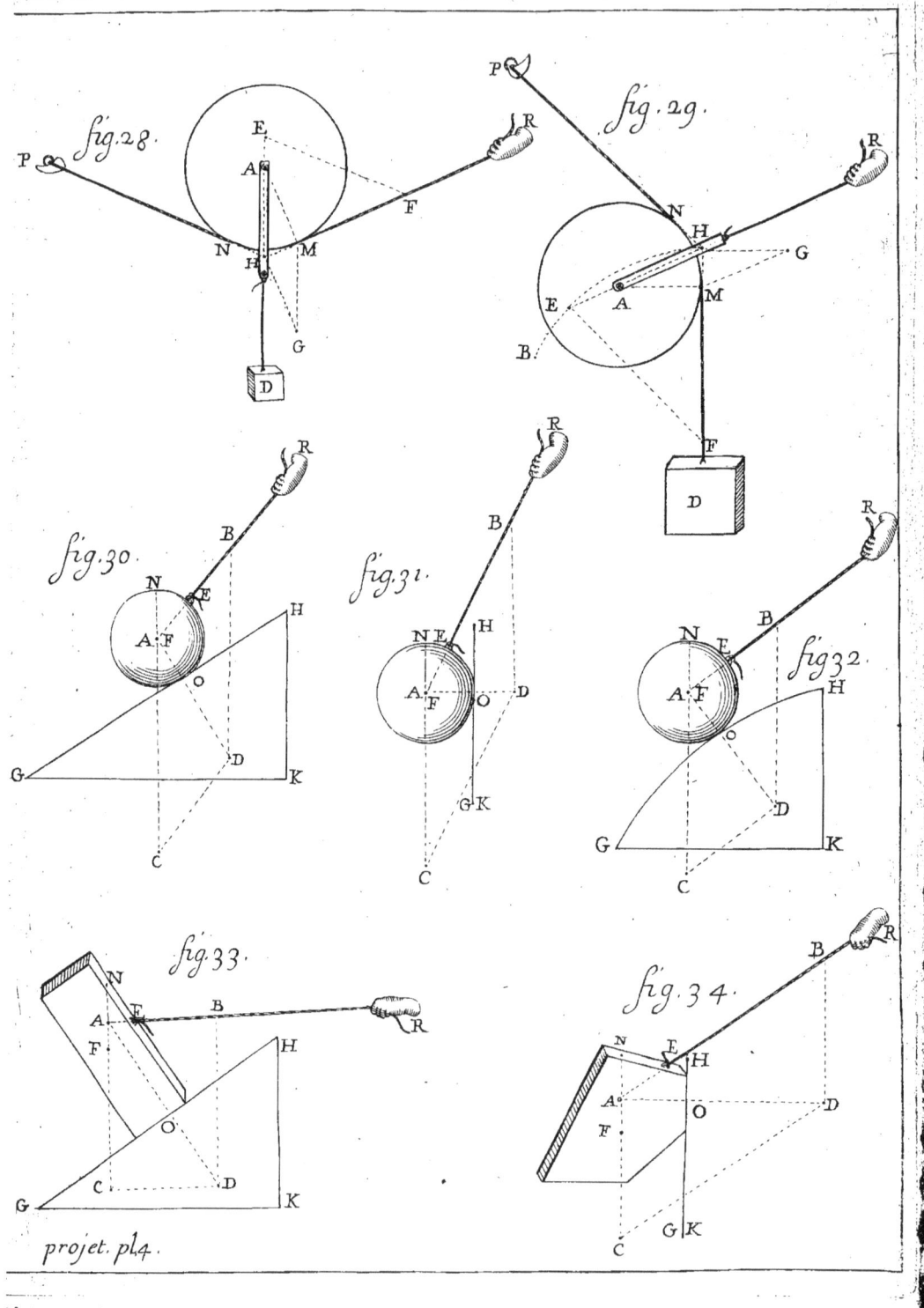

fig.28.

fig.29.

fig.30.

fig.31.

fig.32.

fig.33.

fig.34.

projet. pl.4.

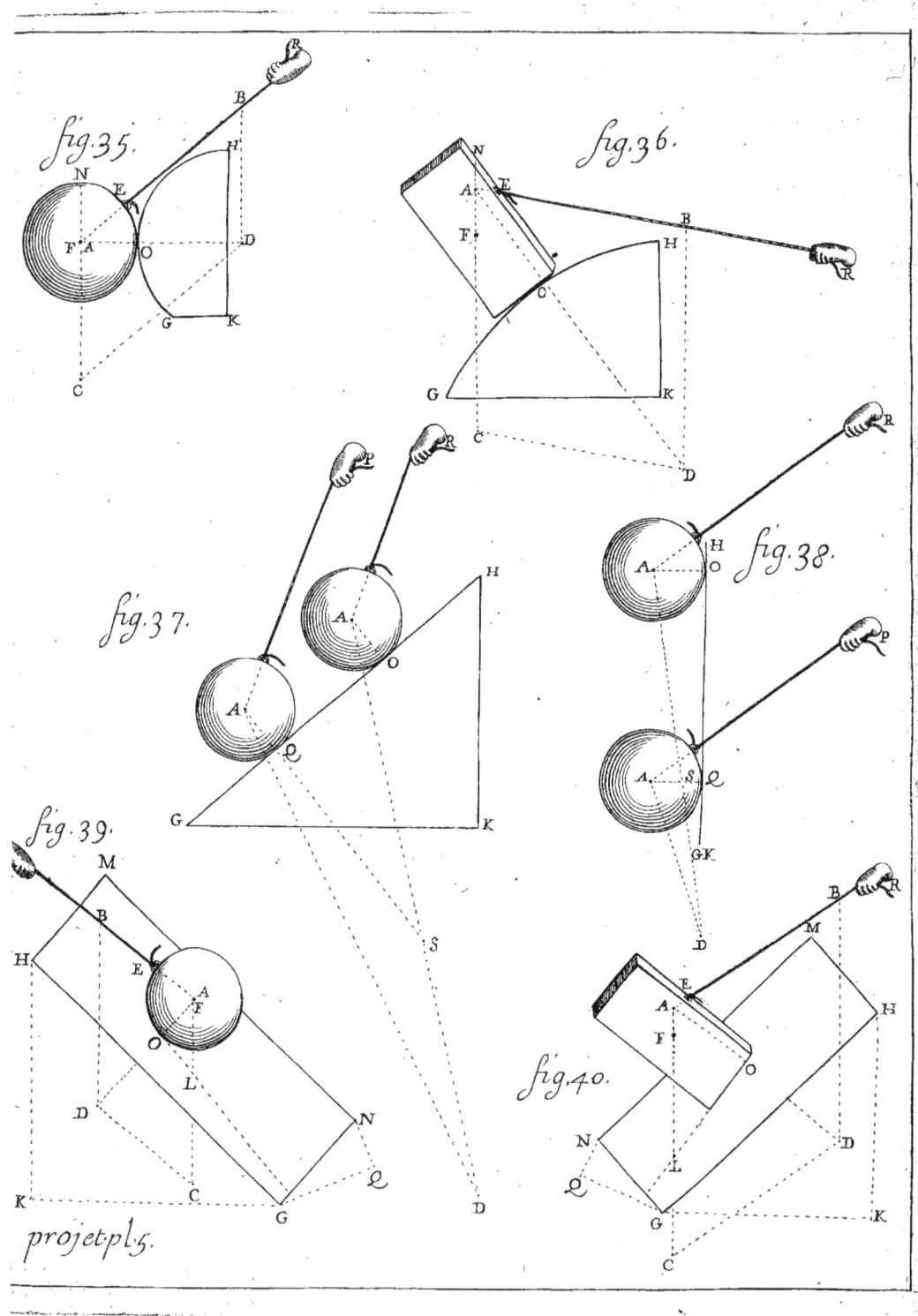

fig.35.

fig.36.

fig.37.

fig.38.

fig.39.

fig.40.

projet.pl.5.

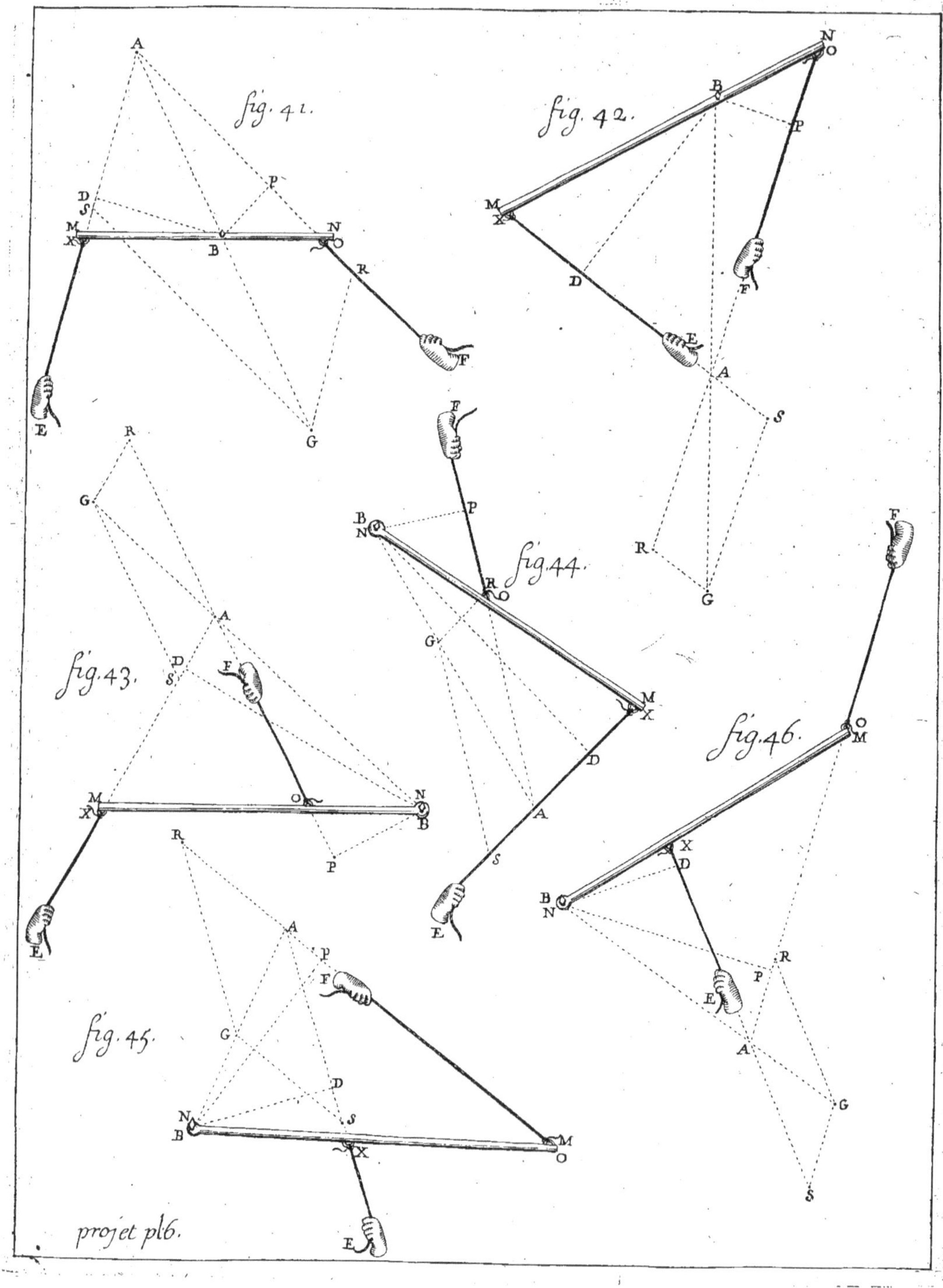

fig. 41.

fig. 42.

fig. 44.

fig. 43.

fig. 46.

fig. 45.

projet pl 6.

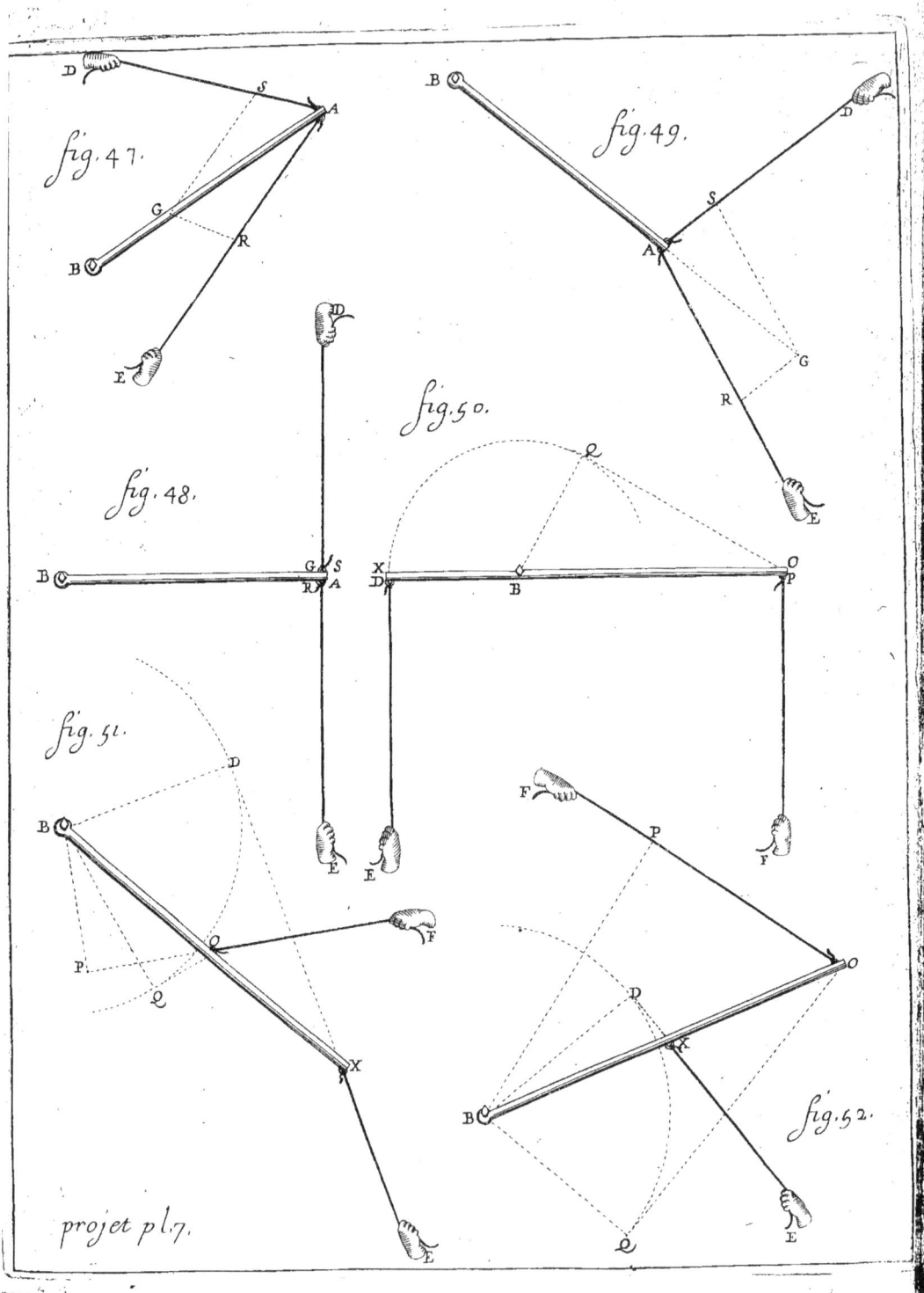

fig. 47.

fig. 49.

fig. 48.

fig. 50.

fig. 51.

fig. 52.

projet pl. 7.

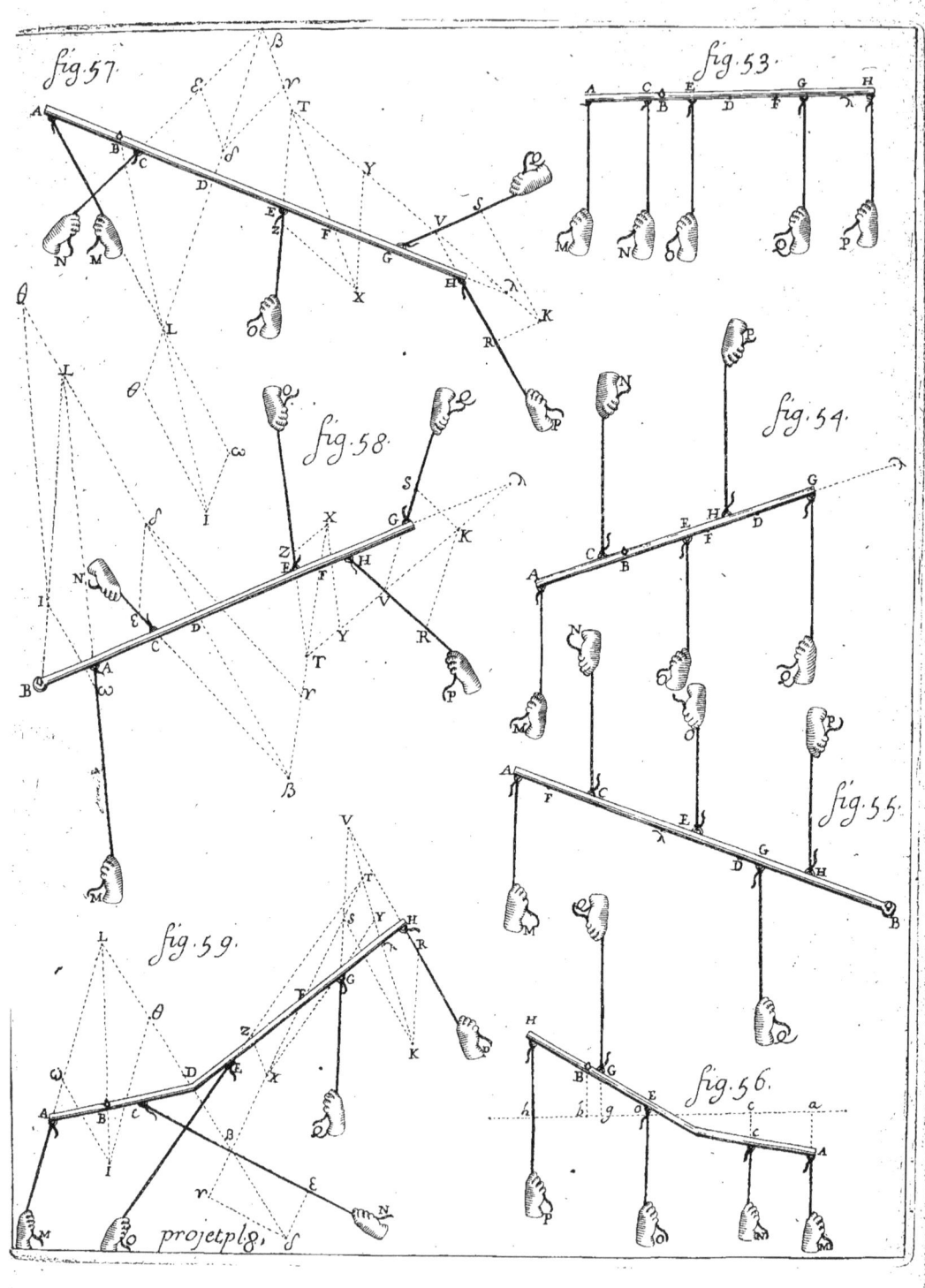

fig. 57.

fig. 53.

fig. 58.

fig. 54.

fig. 55.

fig. 59.

fig. 56.

projetpl8.

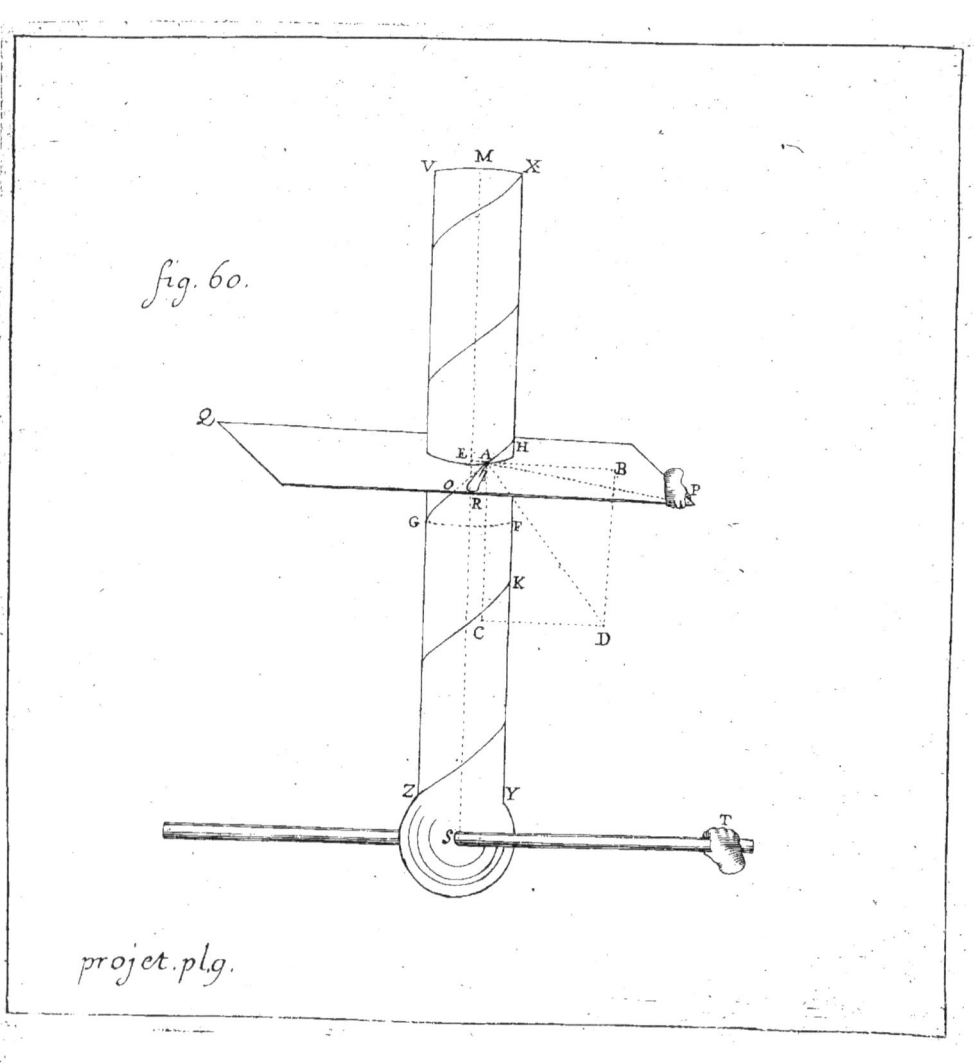

fig. 60.

projet. pl.9.

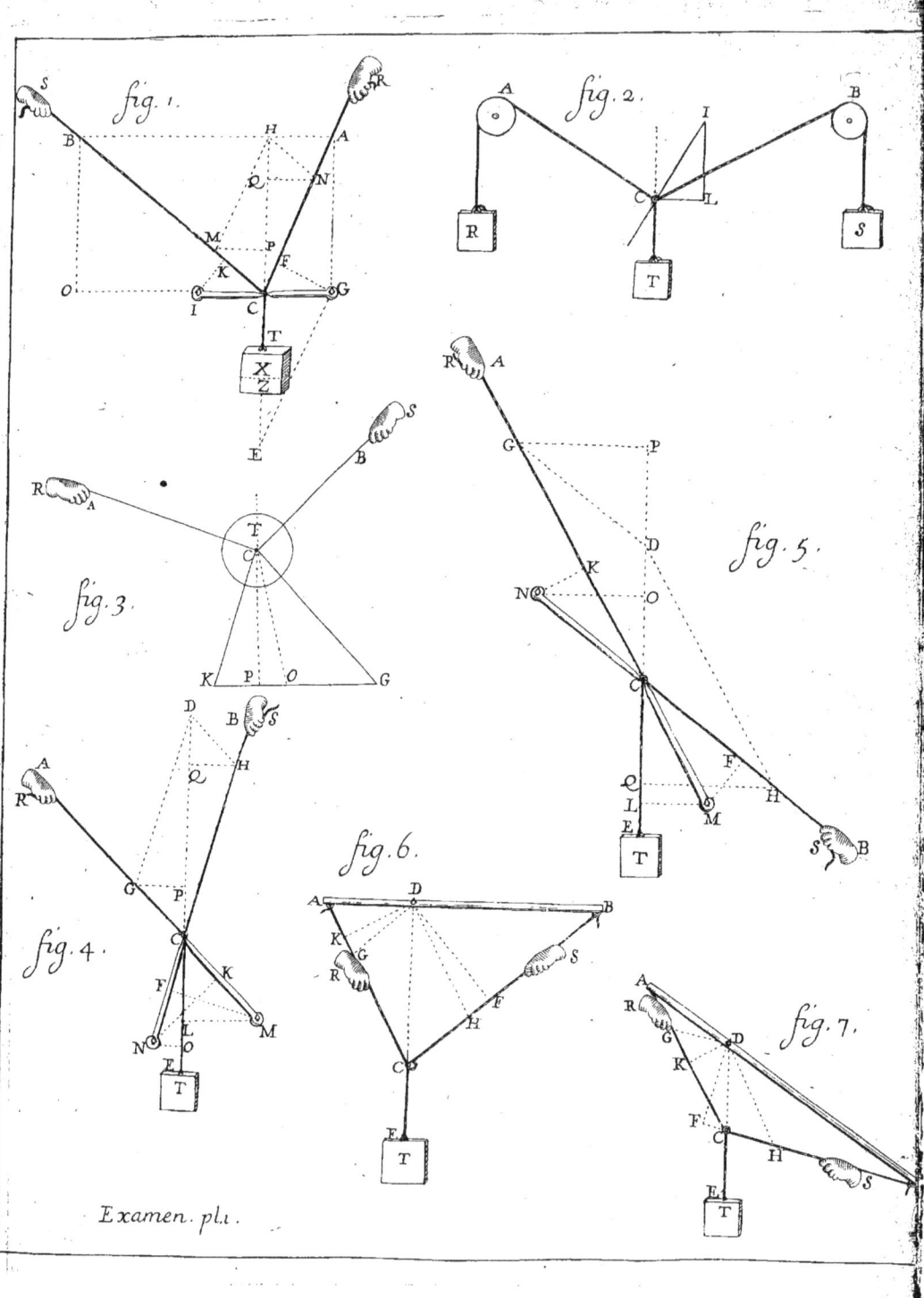

Examen. pl. 1.

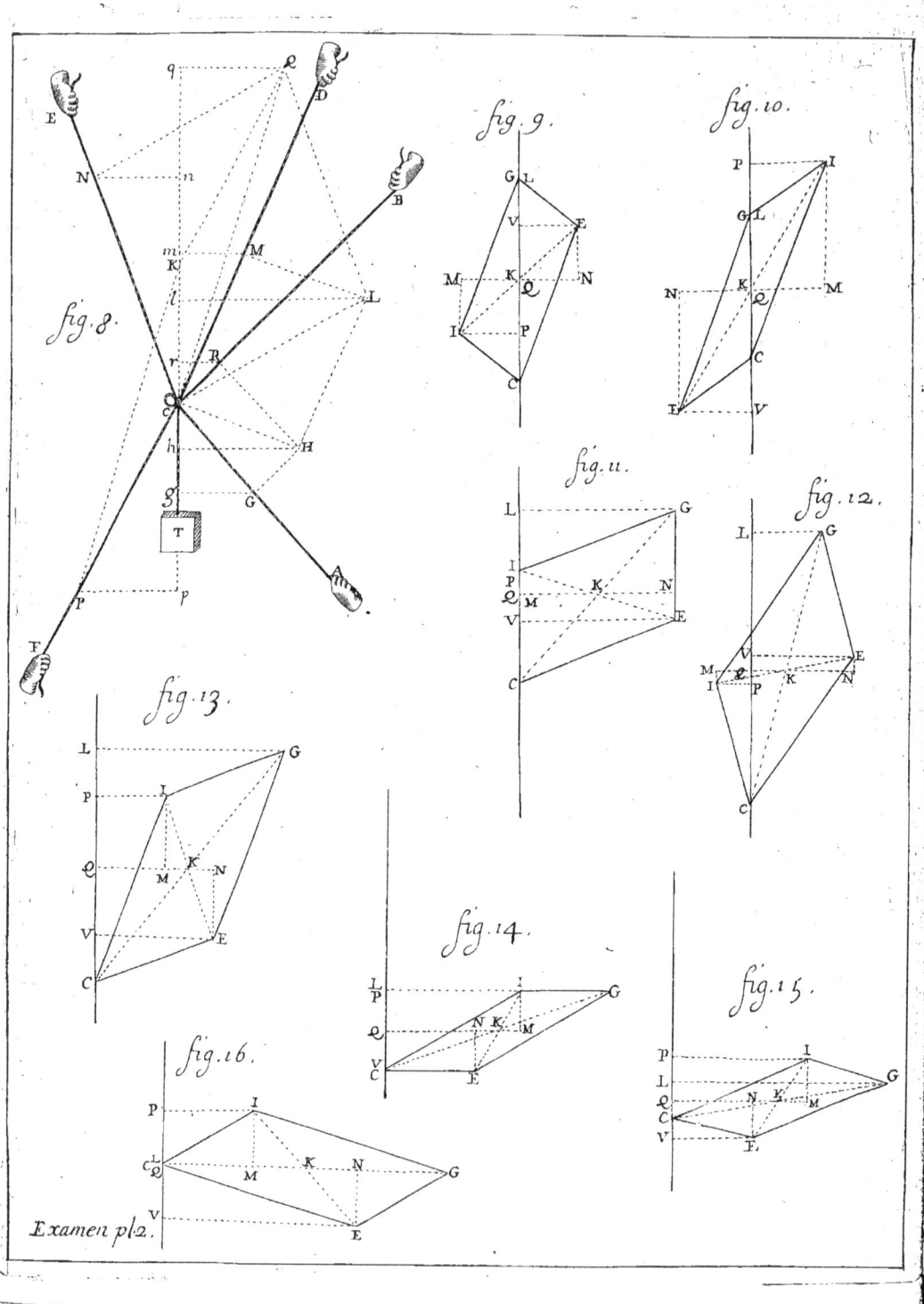

fig. 8.

fig. 9.

fig. 10.

fig. 11.

fig. 12.

fig. 13.

fig. 14.

fig. 15.

fig. 16.

Examen pl.2.

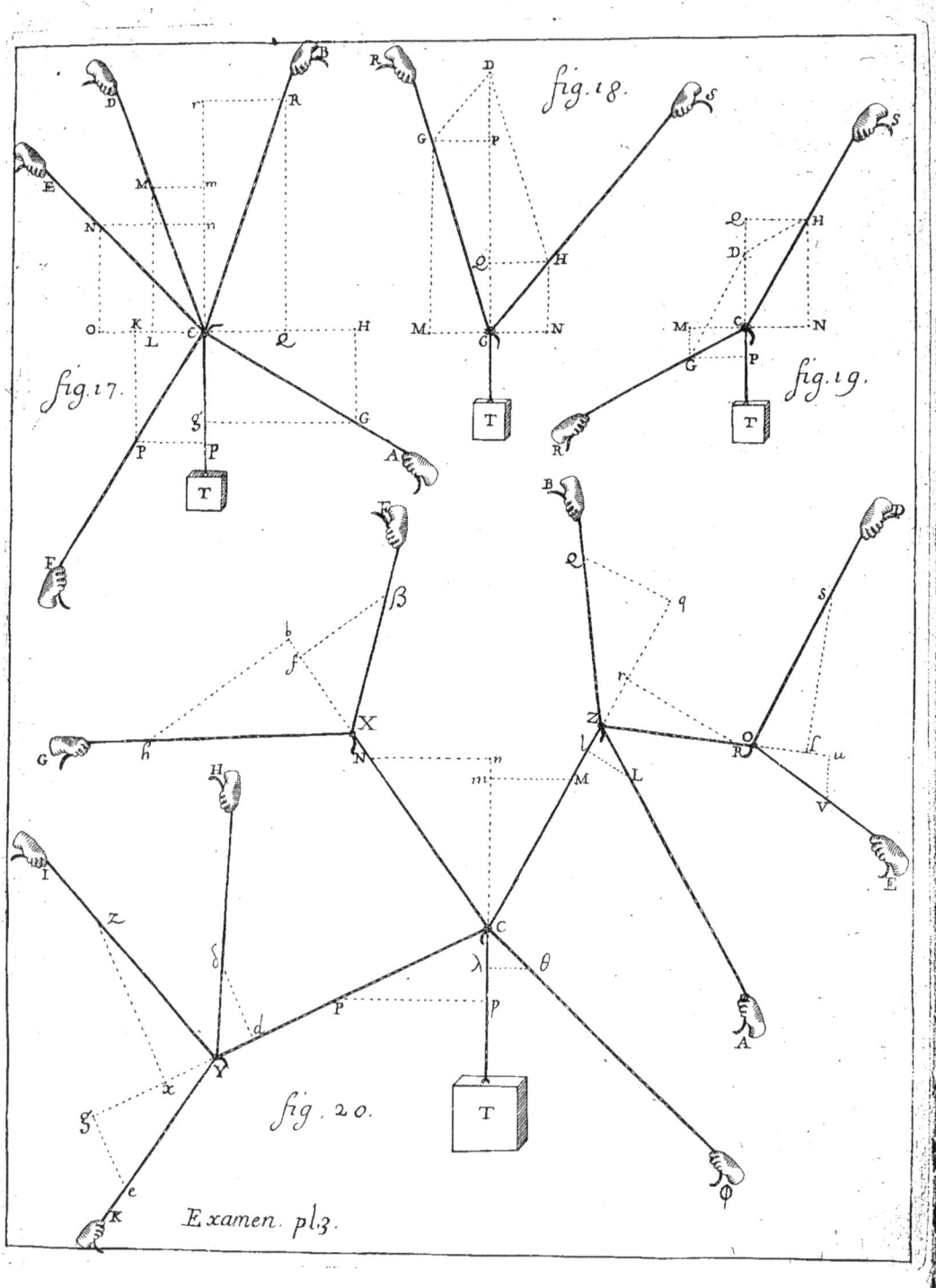

fig. 18.

fig. 17.

fig. 19.

fig. 20.

Examen. pl.3.

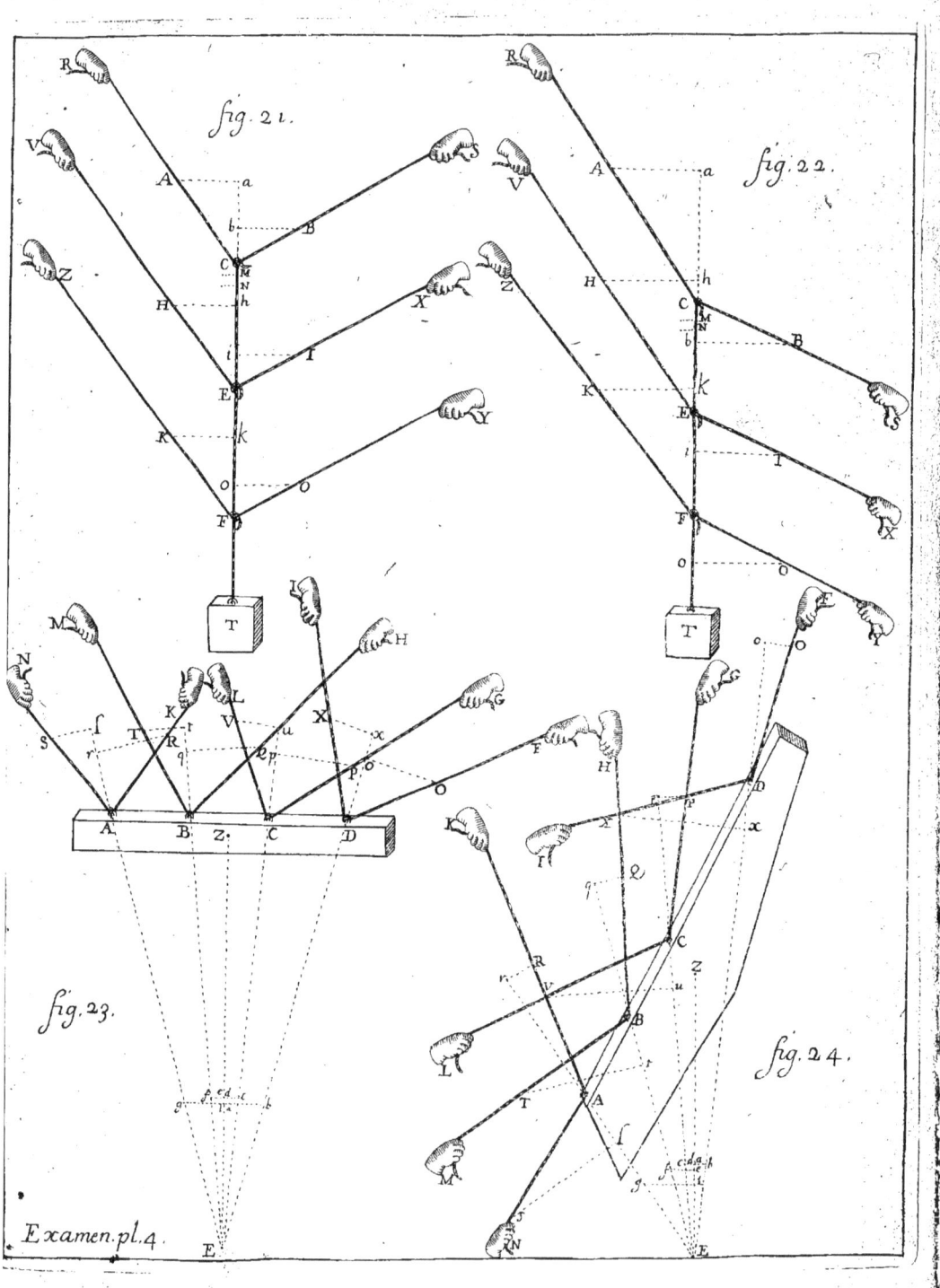

fig. 21.

fig. 22.

fig. 23.

fig. 24.

Examen. pl. 4.